開航の神

陳盛山／著

目 錄 _____

第一篇　**翻轉企業**

對兩地發展的決心 令人感動

日本中部國際機場株式會社前社長 友添雅直

　　先生任職臺中市政府觀光旅遊局的局長時，曾在2016年2月率領團隊與觀光產業相關業者到訪名古屋市，訪問團主要目的為促進中部地區的觀光交流，日本的中部廣域觀光協議會，與臺灣的中臺灣觀光推動委員會也簽訂了觀光友好交流合作協議。

　　簽署儀式相當地盛大，包含日本中部地區的市政團隊，與業界領頭羊皆有與會，我當時也作為中部國際機場的社長參加，自此之後就得以與先生熟稔了起來。

　　儀式時聽了先生對於想促進兩地間發展的決心，讓我相當印象深刻，也促使我產生對促進交流有所助益的想法。

　　先生著眼於兩地間的共通點，也就是兩地面臨的問題，

以及潛在發展力。日本中部地區與臺灣中部地區皆位於大都市圈的中心地帶，但在海外旅行蓬勃發展的趨勢下，卻沒有發揮到這項優勢。

相較之下臺中的認知度較低，日本人觀光客從臺北或高雄入境後，搭乘臺灣高鐵在觀光景點間移動，而愛知縣的名古屋市也是同樣狀況，臺灣人觀光客主要從東京或大阪入境，搭乘新幹線在東京與大阪間移動，以遊玩周圍觀光景點為主，面臨著所謂「跳過名古屋＝錯過名古屋」的實質問題。

日本中部地區與臺灣中部地區的城市發展興盛，具備充沛的購物與美食魅力，且受到山海圍繞，包含大自然在內，擁有相當豐富的觀光資源。

在先生的主導推動下使兩地間攜手發展，提高彼此之間的認知度，藉由此交流讓都市得以邁向國際化發展，可說是踏出嶄新時代的一步。

華信航空推出臺中直飛名古屋包機、名古屋日本真中祭，與臺中國際踩舞嘉年華簽訂夥伴協議，以及在中部國際機場舉辦臺中觀光節（許多名古屋市民大啖了珍珠奶茶與鳳梨酥的好滋味，也購買了臺中名產。）特別是在2017年4月讓兩地發展門戶的中部國際機場，與臺中國際機場成為了姊妹機場，更是具備歷史性的意義。這些都是歸功於先生推動「中進中出」的願景與眼光獨到，若沒有實質行動力的話，我認為是相當難以實現的事項。

　　臺中市曾在2018年舉辦第11屆臺日觀光高峰論壇，巧合的是今年度的第14屆論壇預計將在愛知縣舉辦，盼望能夠與先生再次相會。

2023年6月　友添雅直

原文

　先生は台中市政府観光旅游局局長として２０１６年２
月、台中地域から自治体や観光業界など関係者を率いて
名古屋市を訪問された。

　訪問団の主な目的は、中部地域の観光交流を促進すべ
く、中部広域観光協議会と台湾中台湾観光推進委員会間
で観光友好交流覚書を締結する事であった。

　締結式には、中部側からも自治体や業界のトップが参
加し盛大に開催された。私は中部国際空港の社長として
式典に参加し、それ以来先生とは懇意にせて頂いている。

　式典では両地域の発展にかける先生の決意を聞き非常
に感銘を受けた。私自身も交流促進に少しでも役に立て
ればと思いを強くしたのを覚えている。

先生は両地域の課題と潜在力の類似性に着眼された。両地域とも大都市圏の中間に位置し、海外旅行需要が大きく伸びている環境にも関わらず、そのメリットを十分に生かせていなかった。

　台中は認知度が低く日本からの観光客は専ら台北か高雄に空路で入り、高速鉄道を使って観光地を移動。愛知名古屋も同様で、台湾からの多くの需要が東京か大阪に入り、新幹線で東京と大阪間を移動し周辺の観光スポットを巡るルートが主で、所謂＜名古屋飛ばし＝名古屋パッシング＞という課題を抱えていた。

　一方、両地域とも都市は発展し、ショッピングにも個性豊かで美味な職にも恵まれ、海山に囲まれた自然も含め観光資源を豊富に抱えている。

　先生が主導した両地域の提携は、互いの認知を高め合い、その交流推進によって都市の国際化発展へのスタート

となる画期的なものであった。

　詳細は書籍に譲るが、先生の発案と努力で具体的な施策が次々と実現した。

　マンダリン航空のチャーター便の就航、名古屋ど真ん中祭りと台中市舞踏祭のパートナーシップ協定締結、中部国際空港における台湾台中観光フェアーの開催。（多くの名古屋の方々が、タピオカミルクティーやパイナップルケーキに舌鼓を打ち、台中の名品を購入したのは言うまでも無い。）特に、両地域の発展の門戸を開く２０１７年４月の中部国際空港と臺中空港の姉妹空港提携は歴史的な意義が有る。

　これらは先生の＜中部から中部へ＞というビジョンと鋭い着眼点、そして行動力なくしては実現は難しい物で有ったと思う。

２０１８年に１１回目が台中市で開催された日台観光サミットは、奇しくも１４回目の今年、愛知県で開催される予定となっている。先生と再開できることを今から楽しみにしている。

２０２３年６月　友添雅直

我認識的陳盛山

台灣高速鐵路股份有限公司董事長 江耀宗

陳盛山先生在本人任職華航集團董事長期間，擔任中華航空重要的轉投資公司—華儲公司董事長，這是一家前身原為「交通部民航局航空貨運站」後以公營事業為基礎，進而民營化的公司，而陳盛山先生正是加速華儲公司轉型的重要推手之一！目前的華儲公司不僅是全臺最大的航空貨運集散服務公司，更是各國航空貨運進、出臺灣時最重要的營運樞紐，而華儲公司今日能夠如此成長、茁壯，正是他在關鍵時刻發揮了重要的力量。

在華儲公司服務期間，正逢該公司進行為期十年、分為四階段、投資85億元的擴建計畫，陳盛山先生為深入了解業務運作、掌握公司發展方向，他採取走動式管理，親身深入華儲公司每一個工作站。更時時提醒員工：華儲公司要能發展就必須更加追求效率！因為航空貨運集散業服務

效率的良窳，直接影響到廠商出貨的時間，也就是華儲顧客的競爭力。而站在臺灣航空貨運產業的風口浪尖，華儲公司服務效率更會直接影響到臺灣整體對外的經貿實力，進而連動國家高科技產業的國際競爭力。

如今，當臺灣以驚人的半導體產業實力而傲視全球時，其實背後還串連著許許多多上、中、下游的支援產業，透過彼此綿密的分工合作，各司其職、盡心盡力，才能構築起臺灣在各層面深厚的軟、硬實力，也才讓我們的國家，站在國際經貿產業鏈的分工上，能夠如此的屹立不搖而且不可或缺！

其中，華儲公司正是臺灣與全球物流供應鏈連結的關鍵，透過華儲，各種半導體原料、晶片、機台設備及產品得以快速運抵臺灣及銷往世界各地，而華儲在貨品集結、處理、通關、分銷上展現的卓越與效率，更為具高時效性、高價值的貨品增添銷售利基！同產業鏈上許多公司一樣，陳盛山先生致力提升華儲的服務效率，不僅成就華儲

的發展，更為臺灣成就了一份沉默但堅定的國家競爭力。

　　本人非常高興看到陳盛山先生再次發揮無比的熱情出版
這本新書，相信透過本書帶來企業轉型的精采故事，以及
作者個人豐富的閱歷與經驗，我們可以更多的面向，認識
臺灣產業發展的歷程以及陳盛山先生這位人物。

江耀宗

求生存、展信念、謀永續
之觀光驅動力

國立高雄餐旅大學前校長 容繼業

　　記得與陳盛山教授的結緣，是在盛山兄擔任高雄市政府觀光局局長的期間，個人也正好在國立高雄餐旅大學擔任校長。由於我們共同關心觀光的發展，並具相同之專業，經常在觀光相關的場合見面而相識，隨著時間與歲月的演進而成為老友。

　　陳教授是交通大學運輸科技及管理系博士班結業，曾擔任交通部參事、華信航空董事長、亞洲航空獨立董事及總經理等與觀光行政及觀光產業相關之各項重要職務。同時，除在高雄市之外，也曾擔任臺中市政府觀光旅遊局的局長，在推動觀光發展與治理上，具有相當深厚的理論基礎與實務經驗，是一位不可多得之戰將型之先行者。

　　陳教授對城市觀光的經營與治理有者生態系般之邏輯

思考，有助於他的倡議與規劃之完整性，並都能得到非常好的回響與實質的成效。局長多採發展城市觀光模式：首先，以整體目的地旅遊之行銷為手段，藉整合區域內的觀光資源，打造吸引力之成長條件。其次，推動多元航空線路，改善郵輪母港設施等方案，橋接國際組團社地區，提升國際來訪客源。再則，強化提供多層次之地面交通工具，串連接駁城鄉。最後，並運用新型輕便的自行車，打造小鎮風光，以確保整體遊目的地的體驗經濟效益。

在他推動最膾炙人口之案例中，高雄以「海洋城市為品牌，用多元主題型塑包裝」，發展令國際客驚豔的旅遊目的地，從海洋經濟向外擴散，讓高雄的遊程更精彩。再如，以臺中之「盛會城市臺中，中進中出創造利基」，打造臺中城市之核心發展概念。因此，藉高雄與臺中之城市行銷目的及旅遊發展而論，陳教授的思考脈絡、經營策略施行方案、以及計劃內涵，均展現他對高雄與臺中城市觀光發展，背後之求生存、展信念與謀永續驅動力的策略性前瞻規劃，著實令人敬佩。

頃悉，陳教授新書即將付梓問世，而當前正值全球觀光急遽復甦之際，他對整體觀光市場之洞察與解析，則誠令人無比的期待。

不浪費分秒 揮灑精彩人生

陳盛山

　　我不是中央部會部長、不是上市櫃公司董事長、不是學界大學者，卻因緣際會，歷經產、官、學，海、陸、空，中央與地方政府服務的履歷；眼睛透視，從局外人看局內人，從門裡看門外，看見不同層次的視野。

　　受邀出書付梓，這不是一本人生回憶錄，不是一本航空及觀光教科書，反而像，一位CEO企業管理動力學。藉個人人生時間軸來探索一個企業的轉型，一個產業的拓展，一個城市的升級，是透過一根桿子找出槓桿使力點，敲動進步的動力來源。

　　同時也可以看見一個人在不同人生舞台，珍惜每一次舞台的表演機會，不浪費分秒的揮灑精彩人生。當走下舞台，回頭看，你改變一個企業、一個產業、一個城市變成

什麼模樣？甚而，經過，10年、20年後，有人還記得你當年做了什麼？改變了什麼？留下了什麼？

其實，這十餘年來，我自勉和關注的一件事：一個人、一個企業、一個產業、一個城市、一個社會、一個國家：「前進的力量是什麼？」「核心價值是什麼？」。

在此，我要感謝，為這本書寫推薦序文：台灣高鐵公司董事長江耀宗，他是我任職中華航空集團的直屬長官，從他身上學習到精實的企業管理經驗及集團資源整合實務；日本中部國際機場株式會社前社長友添雅直，他是我在航空業的老朋友，與他多年互動，學習到出身豐田汽車精實管理及主持國際機場的國際化宏觀視野；國立高雄餐旅大學前校長容繼業，他是觀光暨餐飲學界大師級學者，他見證我在高雄和臺中市政府服務推動城市觀光國際化過程，並提供給我很多的建議指教。

令我不時感念懷念至今的，是已在天上的交通部前部長林陵三，他是我的人生導師，從他身上學習到一個國家交通運輸政策制定系統，規劃布局及總管控系統建置，並落實環島「走動管理」，中央及地方交通網絡全盤運作，和交通國際化的連結等。當然，也感謝兩位市長陳菊、林佳龍，提供臺灣兩大國際化城市的大舞台，讓我的專業盡情揮灑，也將這兩大城市導入國際觀光軌道上。

出書付梓，要特感謝大大國際發行人林千肅、主編莊宜憓，很勇敢的邀書，出書過程的要求、堅持，讓我見識年青出版家的認真態度，「出一本書，是要給社會產生正能量，要給社會帶來影響性的反思」。

也特別感謝旅奇國際有限公司總裁何昭璋，副社長歐彥君、總編輯王政及美術編輯團隊全力支援。何總裁對臺灣觀光界的宣導推動的執著，令人感佩，新冠疫情三年，我見證，旅奇週刊團隊沒有一人離職掉隊，沒有一期週刊脫刊，仍堅持報導全球及亞洲在疫情期間，世界的觀光動

態，讓臺灣觀光業者了解世界觀光業還沒倒下，還堅持站立在海嘯的第一排，臺灣觀光業仍要鼓起勇氣活下去！

陳盈山

與時間競賽的陳盛山

大大國際發行人 林千肅

「當人可以主宰命運時，就要盡情揮灑自我最大的生命力，讓當下活得精采有價值。」能夠說出這樣的話，不難想像當年陳盛山先生在政府部門服務時被稱為「最強拚命三郎」的原因。

放眼臺灣，甚或全亞洲，很難找到一位同時擁有海、陸、空專業學識，以及產、官、學資歷的CEO，更難得的是，他在每一個企業組織中展現的拚勁與創意思維，有太多值得企業主和經營者細細思考與學習之處。

◆ 擔任華儲董事長，成功轉型官股民營企業，打造華儲公司為華航集團旗下績效最佳子公司。

◆ 接任華信董事長，正面對決高鐵營運對國內航空業帶來的衝擊，重振企業成為集團最具前景子公司。

◆ 任高雄市觀光局長期間，走遍中國大陸主要大城市做推介會，打破當時中國大陸封鎖南臺灣觀光市場狀態，重新打開南臺灣陸客觀光市場。

◆ 任臺中市府觀光旅遊局長期間，開闢國際航線，推動「中進中出」入境旅遊模式，整合中臺灣中部 7 縣市上中下游產業鏈，推動城市進入國際觀光旅遊市場軌道。

　　無論是在官股民營企業，或公部門政務官，他總能夠帶領夥伴突破難關，成為組織中最具獲利前景的團隊。旁人看陳盛山做事，佩服他總能從容不迫地往最難的山頭挑戰，如果能夠了解他早期的經歷，也就不難理解他這般堅毅的心性從何而來。

在戰火中擔任難民營區的 CEO

　　1986 年，陳盛山先生在澳洲昆士蘭大學正攻讀政治科學暨國際研究所，彼時的他還是一位對學業與人生方向抉擇徬徨的少年，　次因緣際會，參與了聯合國國際難民高級

專署（UNHCR）[註1] 舉辦的國際難民安置會議活動，萌生對國際法的興趣，並有了投身國際志工隊的想法。因緣際會下，從難民高級專署專員口中得知，臺灣有一支難民服務隊在泰柬邊區服務，隔年回到臺灣後，很快聯繫上中國人權協會「中泰難民支援服務團」[註2] 徵選通過後，再進行一個月行前教育訓練，便被安排往泰柬邊境，奔波在泰柬、

註1： 聯合國國際難民高級專署 -UNHCR：國際人道救援機構，由聯合國大會 (United Nations General Assembly) 於 1950 年 12 月 14 日成立，旨在帶領及協調國際行動，致力保護全球難民及解決難民問題。

註2： 1975 年越戰結束，緊接著 1979 年紅色高棉波布垮台，大批越、柬、寮難民逃出，世界大國基於人道主義開放難民收容政策，泰國政府於 1979 年頒布邊境開放政策，將泰柬邊界沿線數十萬公里山丘，開闢一座座難民營，由泰國內政部與軍方主持，讓聯合國國際難民高級專署引領全球難民救援組織國際志工進駐泰柬、泰寮邊區，展開各項難民救助工作。主持「中國人權協會」的杭立武先生，擔任過泰、柬、寮、等諸國大使，長期推動人權保障工作和救助國際難民服務，深受敬重，鑑於東南亞華裔難民湧現，於 1980 年成立「中泰難民支援服務團」非政府組織的國際援助團體，杭立武先生亦多次深入邊境難民營視察，陳盛山也多次面對面向其簡報有關救助技職訓練及協助海外安置成效情形。國際難民界定，須經聯合國國際難民高級專署工作人員核定編制列冊，才能納入難民營區，取得糧食、床位、醫療、被收容配額及申請第三國被收容資格等，一旦有被第三國親友、教會、社福團體收容才有機會由泰柬邊境難民營移轉至泰國 KHAO-I-DANG〈1979 開放 -1993 關閉〉收容中心，再至泰國曼谷國際機場飛往第三國自由國度展開新生活。

泰寮邊境各難民營區服務，且一待就是近兩年的寒暑。

「中泰難民支援服務團」主要服務對象是泰柬邊境沿線的華人難民營各區分管服務，協助難民未來在海外求生的技職訓練、證照考試、外語上課、安排娛樂與運動賽事等生活教育；最重要的是協助聯合國難民高級專署安置海外收容事宜，每將一個人送出難民營，就代表幫助一個人遠離戰亂重獲新生。

在難民營奔波的日子中，他定期會與泰籍司機開著一天一夜的車子，從泰柬邊區往返曼谷，採買華僑難民的必需物資，每一次來回都是冒著生命危險穿越叢林沼澤，不知這次會遇上什麼兇禽猛獸，甚至令人聞風喪膽的紅色波布游擊隊。數百多個日子，在戰火艱困的環境下，日理千人、萬人的生存安排，或許就是這樣的磨練歷程，讓陳盛山在 CEO 的位置上從不畏任何難題。但僅是這樣，還不足以讓人理解他為何總能在每一個工作崗位上，無私無我的奉獻。

「在我服務的難民當中，不乏有曾經的名門富賈、中產階級與高級知識份子，但無論過去有著什麼樣高貴的身分，戰火連天下，奪走的不只是畢生身家，還有基本為人的尊嚴，我第一次強烈感受到人類主宰自己生命的力量，是那麼薄弱。在那裡我所學到的，不只是上萬人的組織管理服務經驗，更有深刻人生體悟：當人可以主宰命運時，在當下就要活得有價值和精彩，要揮灑自我最大的生命力。」從他的回憶敘述中，我們才更加了解，為什麼無論他日後被派上哪一個舞台，都是卯足全力把自己的能力發揮地淋漓盡致。

露宿街頭、上山下海 行動力就是他的超能力

　　曾有雜誌媒體在陳盛山任臺中市府觀光旅遊局局長的專訪中，下的標題是「一直在路上的身影」，而他的超強行動力確實經歷過穩紮穩打的養成。結束兩年的難民營服務，1989年回到臺灣的陳盛山投身新聞界，在《首都早報》[註3]

註3： 1989年由康寧祥先生創刊，是臺灣在解除報禁之後創刊的日報。

以及自立報系，跑了13年的政治新聞；隨後又進入行政院人事行政局、交通部，在擔任交通部長辦公室主任期間，經常跟隨當時交通部長視察全臺，他對記者說：「當時不管是上山下海，一個包包揹著就出發了，分秒必爭的去做！」即刻行動對他來說，是再自然不過的事情。

這本書會讓你看到，陳盛山作為一個公部門、企業、城市的CEO，是如何塑造企業文化、為股東員工謀長遠福利，進而為企業建構完善的產業鏈。CEO的最高境界，是運用自己的專業去創造一個願景，用執行力讓股東員工乃至整個產業獲利，如陳盛山所說：「我做國際觀光、開航線、將城市推上國際軌道，不是只為我的市長老闆在打拼，更是為一個偉大城市而努力。」

陳盛山教會我的3件事

旅奇國際有限公司總裁 何昭璋

2015年，是我第一次認識陳盛山。

過去因為專注於出境旅遊市場的服務及耕耘，使得工作接觸對象大多為航空公司、旅行社、各國旅遊局等領域，反而對於臺灣的縣市政府官員鮮少互動與採訪，以至於對於「陳盛山」，也只停留在過去曾任華信航空董事長、後來被延攬至縣市政府服務的耳聞階段。

一次的因緣際會，我與這位傳說中的「觀光拼命三郎」見上一面，短短的會談之中，他對於觀光的熟稔、市場的精準預判，以及自身服務縣市優劣勢的鉅細靡遺，頓時讓已經浸淫旅遊產業30多年的我，對於學術體系出身的觀光推動者有了巨大的改觀。

作為產業界的一員，過去總認為觀光產業每一分子才是最前線，也最熟悉觀光；對於身處在後方的官員，反而因為資訊落差、無法接觸第一線，往往只能擔任輔導、協助的角色。然而與陳盛山相處之下，才知道原來官方亦有能精準掌握市場脈動，甚至帶領整個觀光市場向前邁進的火車頭，至今他仍不斷扮演我們「觀光導師」的角色。

陳盛山教會我的第 1 件事：
跳脫本位主義　以更高的視野推動觀光

認識陳盛山時，他任職臺中市觀光旅遊局局長一職，令人印象深刻的是，他上任的第 1 件事，是踏遍臺中 29 個行政區，從大眾的直觀視角評估各個區域的食、宿、遊、購、行優缺點，使得任內與業者合作時，都能清楚掌握每個區域的特色，進而找到對的方法行銷。

令人跌破眼鏡的，則是他總是選擇最艱難的路來推展觀光，例如任內年年舉辦「臺中國際踩舞祭」，是他耗費大量精神、心力一切從零開始，甚至背負著不少閒言，才成功

將不同國家的競賽團體跨越語言的隔閡，以「舞蹈與笑容」的共通語言，揮灑在臺中的街道。

同時，他也以「中進中出」的策略改變中臺灣的觀光生態，在「互利共好」的無私奉獻下，他拜會一家家國際航空公司，不厭其煩地一一簡報，只為了爭取到新航線飛入臺中，讓能同步受惠的苗彰投雲嘉嘉等縣市，逐漸蛻變成一個吸引力十足的旅遊區域。

當我無法理解觀光推廣為何總是選最艱難的道路邁進時，他只回答：觀光推廣要跳脫本位主義思考，我選擇以縣市首長的角度來審視這個區域，更有效找到合適的策略來扭轉地方。

陳盛山教會我的第2件事：不斷挑戰自己的極限

「太陽底下沒有新鮮事」，然而在陳盛山的手中，卻總能將每件事都「玩」出新面貌，為了讓2018年登場的「臺中世界花卉博覽會」更加國際化，他特別前往日本各個姊妹

市行銷宣傳，除了協商中臺灣為基地的華信航空推出「花現臺中彩繪機」翱翔天際，更特別籌組花博行銷車隊，以「一步一腳印」的方式，在短短2天騎行島波海道百餘公里，橫跨多個大橋與鄉間小路，只為了將臺中自行車重鎮的形象與花卉博覽會傳遞給每位日本友人。

試想，已經年過50的觀光局長，明明可透過最舒適的方式前往國外宣傳，卻選擇在出發前預先進行魔鬼訓練，然後在日本以行軍的方式疾行日本各縣市，近乎苛求的方式，卻展現出他為了觀光行銷而不斷挑戰自我極限的決心。

陳盛山教會我的第3件事：以200％的用心完成每項任務

疫情期間，我們兩個觀光推廣的「過動兒」，終於有機會與時間坐下來好好剖析臺灣觀光，也在一次次的訪談中，驚訝地發現陳盛山無論在國營單位的華信航空、華儲，到官方的高雄、臺中等觀光旅遊局處首長，都以加倍的用心在找出關鍵癥結、自我優勢，以CEO的角度去扭轉頹勢。

即使回歸到學界，他依舊透過每次與我們週刊所合作的專題分享所見所聞，深度剖析各國政府、各大跨國集團、航空公司的最新營運狀況與背後的策略，許多內容甚至是外人所無法觸及，但他卻能透過多方資料收集、歸納後，找出核心關鍵與最終目標，也讓被報導的單位驚訝於這位旁觀者竟能精準看出自身公司的策略目的。

　　作為陪伴他從官方到學界的伴隨者，非常榮幸能為讀者導讀這個人，也希望拿到這本書的每一位讀者，能跟我一樣驚訝於竟有人對待每件事物時，都選擇挑戰自我、邁開步伐穩穩走在荊棘滿布的道路上，最終創造出旁人難以企及的新格局。

何昭璋

翻轉企業

啓動改變的關鍵，就是從企業文化著手。大多數的企業管理者，經營初期會將「如何獲利」當作經營管理的重點，營運思維鮮少重視企業文化的塑造，即使有，多半也是針對企業外部形象的建立，而非真正落實到企業內部治理。事實上，「企業文化」才是一間公司的核心價值和動力，一間企業無論網羅再多優秀人才，手握再龐大的資源，沒有將企業文化奠定好基礎，員工沒有共同的價值信念，組織很難走得穩定且長遠。

01

撿郵標的董事長

華儲董事長出缺

一天，隨林部長南下視察，在車上他突然問我：「陳參事，你學企管、學航空和物流的，現在華航一家子公司華儲董事長出缺，你敢去挑戰試試嗎？」部長給我3天的時間思考，那天晚上我輾轉難眠，部長不輕易交託任務，他能對我提出這個建議，說明他對我專業的看重。

隔天一早，7點不到已在部長辦公室門口等他，一見面就明確表示：「我願意接。」要與不要，不是我當時思考

的重點，而是「接了之後，我會怎麼做。」

華儲是一個甚麼樣的企業

幾年前，有一家國際快遞公司的廣告，講述一個年輕人想要在情人節之前，將一朵含苞待放的玫瑰花，送到地球另一端城市給女友，而且運送過程仍然要保持玫瑰花含苞完整，送達女生手上時，剛好是最佳綻放的狀態。華儲就是扮演「護花使者，使命必達」的國際機場物流進出角色。

中華航空集團旗下的華儲公司，是一間擁有資本額25億元的航空貨運特許企業，在全球物流配送系統中，掌握臺灣50％以上的貨物進出量，是國內業務量最大的航空貨運集散地。

從一朵花、一瓶酒品乃至最貴的半導體晶圓片，必須在成本、時間、距離、速度的多元條件下，準確運送到世界各地，過程需要經過相當精密的物流數據計算，和繁複的運送作業流程，從航空公司貨機航線、貨運站進出口作業，到陸路配送的供應鏈等等，每個關鍵都環環相扣。

2000年1月16日前，華儲原本隸屬於交通部民航局航空貨運站的公營事業，在轉為民營化5年的時間裡，獲利與績效沒有發揮最大效益，而在未來的5年，華儲要如何在產業進出口需求倍增的趨勢中嶄露頭角，將是我接任後的任務。

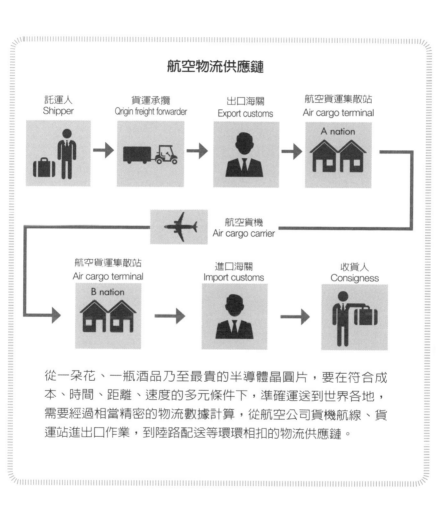

航空物流供應鏈

從一朵花、一瓶酒品乃至最貴的半導體晶圓片,要在符合成本、時間、距離、速度的多元條件下,準確運送到世界各地,需要經過相當精密的物流數據計算,從航空公司貨機航線、貨運站進出口作業,到陸路配送等環環相扣的物流供應鏈。

空降董事長的起手式

常言道:「新官上任三把火」初任華儲董座,我內心不僅僅是滿腔的抱負和經營藍圖,更有著對部長的承諾。許多想調整、改革的措施蓄勢待發,但僅憑一份官派轉任,就能順利改變舊有制度,讓幾百個員工跟著我的方向走嗎?一個交通部空降董事長,沒有在這個組織的相關經驗,沒有跟員工同甘共苦過,如何讓人信服?

華儲公司的業務種類繁複,包括空運貨物倉儲、快遞、進出口業務、盤櫃保管、貨品集散,有負責進出口業務人員,管理危險品的專業人士,還有倉儲的搬運人員,職別階層相當複雜。初入組織,經驗不同、溝通語言不同、彼此理解不夠,在還未取得團隊「信任」門票之前,一切改革都要等待時機。

早期倉儲配送時，貨品上面都會貼上一張張託運黃底郵標，這些郵標被撕下來後，在占地13公頃的華儲桃園總廠中隨風四處飄散，滿地的郵標永遠沒有掃乾淨的一天。

　　上任的第1個月，我每天必做的例行工作，就是在偌大的13公頃的華儲桃園總廠早晚各走一大圈，員工一開始看到董事長視察，還會端起身體，揮動雙手表現出專心做事樣子，幾天之後大家開始覺得這個交通部來的高官，好像整天沒事情做，只會逛逛各個作業區，順手撿撿垃圾，絲毫沒有所謂「新官上任三把火」的態勢，因此開始放鬆警戒，這也讓我更有機會觀察這間公司的真實樣貌。

經過一個月的考察和思索，慢慢梳理出華儲公司正處於企業生命週期[註]的學步級型態，企業草創不易，因此這5年來營運績效不彰顯的原因，包括：企業與上下游供應鏈體系未能整合、勞資關係與企業文化尚待強化、倉儲作業自動化也有待建構；而這當中改革的第一步棋，是著手企業文化改變。

　　大多數的企業管理者，經營初期會將「如何獲利」當作經營管理的重點，營運思維鮮少重視企業文化的塑造，即使有，多半也是針對企業外部形象的建立，而非真正落實到企業內部治理。事實上，「企業文化」才是一間公司的核心價值和動力，一間企業無論網羅再多優秀人才，手握再龐大的資源，沒有將企業文化奠定好基礎，員工沒有共同的價值信念，組織很難走的穩定且長遠。

註： Ichak Adizes (Corporate life cycle model)，全球最有影響力的管理學家之一，創立企業生命週期理論，在《企業生命週期》一書中，以系統的方法將每一個企業的發展比做生命體，並將生命週期分為10個階段，即孕育期、嬰兒期、學步期、青春期、壯年期、穩定期、貴族期、官僚早期、官僚期、死亡。描述了每個階段的特徵以及因應對策，提供企業決策者更精準的判斷與調整。

建立企業文化，是建立經營者與員工之間的共同理念與共識，因此格外重要。

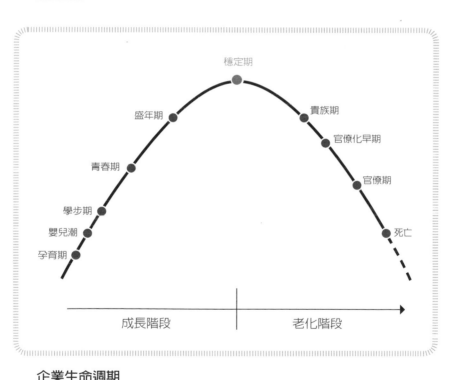

穩定期

貴族期

盛年期

官僚化早期

青春期

官僚期

學步期

嬰兒潮

死亡

孕育期

成長階段　　　　　　　老化階段

企業生命週期

雖然每個企業的生命長短不一，但根據學者研究，每個企業在生命週期的不同階段中，會出現許多相同特性，因此了解企業生命週期位置，有助於企業修正自己的管理策略，進而延長企業壽命。

貨運集散
快遞
董事長
出口
進口
機放
倉儲

企業部門猶如一盤棋局，在各自的位置扮演不同角色，華儲業務種類眾多，每個人因為位階職別與工作內容不同，思考與行為標準皆不一樣。如何讓全體員工各司其職，同時又緊密合作，朝同一個目標前進，是CEO最重要的任務之一。

細節裡的魔鬼

初到華儲，對這倉儲髒亂的狀況十分難忍，不雅觀是一個原因，但這個景象背後反應兩個大問題：一是對託運業者未能嚴格要求；二是自己的公司同仁對工作不夠主動、不夠向心、對自己工作環境不講究，否則你不會不在乎周遭環境，任由髒亂四處飄散，尤其是一座應該時刻維持整潔、嚴謹求時效的臺灣航空貨運轉運樞紐中心。

在公司高層會議上，第一次向各級主管表達觀察到貨物作業狀態，以及員工態度對企業的影響，舊幹部當即表示：「這已是多年作業習慣，沒辦法要求員工在百忙的作業中，再去維持環境整潔」；但是，沒有人能否認，這許多看似無傷大局的習慣，正日積月累的侵蝕公司的績效，魔鬼藏在細節裡，經過一次次的會議討論，我也與主管們取得共識：

1. 從維護環境 建立員工積極態度

   從改善偌大的航空貨運集散地從環境開始，一個不整潔的公司，財神爺都不想降臨，必須從環境的整潔管理點切入，提升員工的積極態度。

2. 明確法令 杜絕觸法

   華儲是國際貨運進出窗口，工作人員應杜絕走私與不法，設定明確的法令，要求員工嚴守、不觸法，是保護員工、建立企業聲譽的必要作為。

3. 安全、效率

   航空貨站全年無休，務必以安全、準時的效率為第一要件。

4. 成本控管 效益第一

   將市占率掛帥的準則，改為邊際利潤成本控管的效益最大化。並在公司階段性發展進程上，訂出歷年企業發展年目標（2005年品質服務年 / 2006年 加值服務年 / 2007年精實服務年 / 2008年成本控制年）。

完成了高階主管的溝通，接下來對全公司頒布了「華儲企業文化四大守則」- 整潔、紀律、效率、效益，為全體員工建立共同的價值觀與信念。並頒布一個「零容忍」開除條款的公告：

「凡涉及走私、調包與竊盜，經查證屬實者，一律開除。」絕不寬待。

《稻盛和夫的實學 經營與會計》一書中提到：「人心具有非常強大的力量，卻也有無心犯錯的柔弱一面。如果經營是以人為本，就必須保護防止員工犯下無心之錯。」嚴格的規範在企業而言，亦是對員工的保護機制。

當然，要改變員工的思維和精神，不會只有規範和口號就能達成，在航空貨運倉儲打轉的那幾個月，我用自己的行動讓全體員工看到我的決心。

企業精神要以身作則

傍晚時間，員工們會看到董事長獨自一人在偌大的廠區撿著一張張黃色郵標，每次走完一圈都汗流浹背，撿了一大袋垃圾，回頭再看看，廠房還是依然髒亂一片，就這樣日復一日，用以身作則持續做著。

那陣子，一面在公司會議上傳達公司整潔的重要，同時要求廠商、運輸業者、貿易商進出口的廢料垃圾報廢品一律清除或加計費用；一面身體力行撿垃圾，大概撿了一個月，周圍氣氛漸漸有了變化，開始有些同仁看到董事長撿垃圾走到他的工作區域，會趕快過來幫忙清潔；漸漸地員工會主動清理自己周邊的區域，接著主管們也編制了三班制輪班打掃，一個月下來，那些滿地散落，漫天飛舞的紙片慢慢減少、消失了。

員工對工作環境的態度，能推斷他對公司的重視程度，調整員工的「態度」問題，言教不如身教，沒有什

麼比主管以身作則更能深入人心。我每天在各廠區走動的時間裡，看起來只是在「撿垃圾」，事實上是將員工對公司的向心力一片一片地撿回來。

　　只有先型塑良好的企業文化，才能讓員工產生的凝聚力和向心力，這比任何獎懲制度、升遷、福利更有前進的動力。

CEO的話

　　一個整潔的公司，一定是賺錢的公司，因員工愛公司如家；一個髒亂的公司，一定是賠錢的公司，因員工視公司如屣。

台下筆記

穿透式傳達企業文化

華儲企業文化四大守則：

『整潔』發揮
自動自發精神

『效率』掌握
服務品質時效

『紀律』嚴守
制度道德規範

『效益』創造
公司最大利潤

我將這四大守則設定為華儲的企業文化，力求成為
員工的中心信念守則，並請同仁把它貼在廠房內各
個最醒目的地方，隨時提醒全體員工處理日常事務
時，務必以這四個標語為守則。

建立企業文化絕對需要「刻意」經營。為了貫徹公司目標和企業文化，除了將華儲四大守則張貼在廠房內各個最醒目的地方，更要求人事部在每個月的薪水單，印上一句「董事長的話」。當年薪資發放未進入電子化，員工拿到紙本薪水單要看自己的薪資數字，就一定會看到董事長要傳達給大家的信念。

透過這種觀念穿透式的傳達方法，將員工潛移默化成董事長的分身，讓每個人想到工作就充滿幹勁，等待黎明，天還沒亮就等著上班，通力合作讓企業朝著設定的步調前進。

勞資關係對立 90%是缺乏良好企業文化

在中華科技大學在職碩士班授課時，學生成員絕大多數從事航空運輸業，包括飛行員、座艙長、地勤主管及物流業經理人等，第一堂課開宗明義：「我的這門課程，就是教你們『如何當CEO？』『董事長的腦袋都在想什麼？』」大家一聽無不精神鼓舞，學生反應最好的就是「企業文化」這門課。

一個企業的CEO如果能懂得經營「企業文化」，便能將企業理念、精神深入管理者看不見的角落，將企業的信念與觀念內化到每個員工身上。如果企業只是發布一紙命令，或是口頭要求員工清潔打掃，相信會淪為「有講就做，沒講就不做」的結果；相反的，若員工都能在自己俯拾可及之處維持整潔，整個公司都會變成舒適的工作環境，新進的員工自然而然跟進並遵守維持整潔環境，員工自動自發，就能凝聚對公司的責任感和向心力，工作效率自然會提升，這就是企業文化的推動目

的，讓同仁願意主動關心公司、愛護公司、參與公司。

　　國內很多老牌企業在創辦人交棒第二代之後，經常會傳出勞資糾紛、罷工、組織分裂等等狀況，實際診斷問題的核心，絕對與企業文化衰弱脫不了關係，因為股權重組或大股東更迭，改為執行長制，也就是改由專業經理人來領導的企業，改革整頓過程中，往往在追求獲利績效的大前提下，企業最初的人本精神容易被忽視，一旦企業生命週期走向官僚期、貴族期，員工失去共同理念，你給他再高的薪水他都不會滿意，一點風吹草動都會是他離開的理由。員工對組織沒有忠誠，沒有感情，凝聚企業的螺絲鬆動，組織自然鬆散，運作就會出問題。

CEO的話

從企業文化建立彼此的互信，不僅避免許多棘手的勞資問題，還能有效改善企業組織運作的效能。

02

改變華儲角色

決定接下華儲董座那天，我承諾要「改變」，將傳統航空運輸供應鏈體系作業翻轉，創造航空貨運站新的營運模式，目的是要讓華儲從下游被動角色轉變為上游主動角色。

企業運行順利，除了企業文化和本身體質要好，專業經理人更要對企業的上下游產業運作瞭若指掌，熟悉上下游產業動向，不僅是預見產業未來的基本功，如能打破傳統思維，創新產業鏈供給結構，也能為企業帶來一波新的商機。

華儲作爲航空倉儲業者，在航空貨運供應鏈中扮演下游被動的角色。華儲由供應鏈上端的委託業主（如科技、製造業主），透過中間的貨運承攬業者向航空貨機預定艙位，再分派到華儲倉儲公司，由華儲將貨物集散、打併、拆盤整理後再配送到國內或國外的目的地。

　　雖然華儲當時已是臺灣最主要的貨物集散業者，但一直是被動等待業者訂單，面對國內外競爭業者竄起，競爭只會越來越激烈。想要永遠保持領先，絕不能只是處在等待的位置。

　　接下來我主動走訪企業，一一親自拜訪華儲最源頭的主要供應業主，從最上游的委託業者開始協調，串起中下游製造業供應鏈與航空貨運承攬的整合。

　　華儲最源頭的主要供應端都位於竹科、中科、南科各行各業的製造業，這些力求高品質與高規格的高科技業主，服務價值遠遠勝於價格，我認爲產業更注重的是貨

品在運送過程中的安全性、送達時間的準確性以及配送過程中的細緻度與加值服務，才是打動產業界的最大誘因。

夾在上下游之間的航空貨運承攬商，未必能夠準確傳達雙方的需求與優勢，因此我決定以航空倉儲業董事長的身分，親自拜訪高科技業客戶，明確表示華航集團及華儲可以做到，讓客戶託運的貨品在最高品質的條件下，精準送達目的地。

翻轉華儲供應鏈

由哈佛大學教授克萊頓·克里斯坦森（Clayton Christensen）提出的——破壞性創新(Disruptive innovation)，運用於航空貨運供應鏈上，擴大開發新市場。

傳統國際物流產業供應鏈

委託業主Shipper
（科技、加工製造業……）

貨運承攬業者Air forwarder

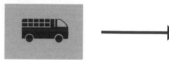

華儲創新供應鏈

航空貨運集散站（華儲）
Air cargo terminal

航空公司 Airline

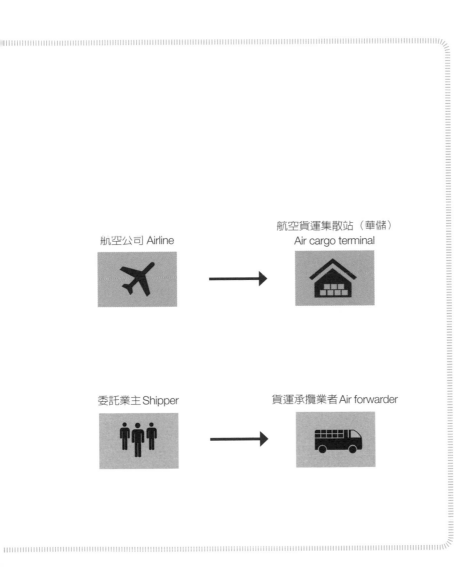

航空公司 Airline

航空貨運集散站（華儲）
Air cargo terminal

委託業主 Shipper

貨運承攬業者 Air forwarder

你能為客戶解決甚麼

許多人進行客戶拜訪前，簡報做的精美詳細，也把公司優勢說明地很清楚，卻始終拿不到客戶訂單，這是為什麼呢？原因就是，比起了解你的公司有多麼優秀，客戶更想知道的是「你能為他解決什麼問題」。

在拜訪客戶前，我習慣先研究分析這間公司近三年的財報狀況，了解這家公司的產能和擴展計畫，再針對其需求，提出關鍵建議。

例如臺灣一家上市公司在重慶擴廠，其機台和相關零組件的組合，來自歐美和日本等地，新廠機組設備運送組裝時，勢必要經歷一段十分繁複的作業流程。拜訪時我建議他們可以以臺灣為基地，將華儲貨運站設為他們工具零組件的集散中心，再以整體包機方式分別配送到重慶江北機場，使他們機台配件能夠更完整且有效率的送達重慶廠。從運送中的安全措施、班機時間安排都

能獲得最優質的服務，包含專案專屬卸貨通道與專辦人員，都可以在協調中提供給客戶便利且高規格服務。

　　向越高階層的人彙報，細節越要精簡，通常我會用一張A4紙，在上面用最簡單的方式，表達我如何透過航線航班安排，用全球配送方式完成客戶的配送需求。解決最複雜的國際航線安排，接下來再拿出附加服務，只要讓上游客戶認同華航集團和華儲的優勢，他們就會主動要求委辦的貨運承攬業者去找華儲合作。此翻轉傳統物流作業的操作，讓華儲在航空貨運供應鏈上，從被動接單變成主動創造客戶來源，營運績效自然提高成長。

　　既然要創新供應鏈模式，就不能機械式走訪，許多企業在改革時往往會輕忽這一點，在我走訪企業的過程中，一有機會也會邀請華航董事長與相關子公司負責人，一同拜訪上市上櫃總裁、董事長，一併行銷集團客貨運服務。

這麼做也是一種突破框架式的作法，雖然我的職位是華儲董事長，但格局拉大來看，我也是華航集團的一員，管理者如果只專注在本位部門的獲益，就永遠只能待在自己的一口井中，若能將集團其他子公司品牌聲譽與獲利攤提放在一起推進，達到集團資源最大綜效，將更有機會航向藍海。

協助台積電8吋晶圓廠 整廠輸出

多次與上市企業主動接觸，華儲漸漸為華航集團帶來品牌效益與實際獲利，更在2005年兩岸貨運包機首航契機中，爭取到台積電8吋晶圓廠整廠輸出案，成為航空貨運業指標。

當時台積電製程已進入12吋晶圓產能，剛剛獲得政府許可，準備將8吋晶圓廠整廠轉移至上海松江區台積電廠，兩岸貨運開放初期，這樣一個極具科技及兩岸貨運

直航指標性的範例，臺灣物流業無不摩拳擦掌想要爭取這次承運機會。華航及華儲內部也積極開會準備，做出最完整的貨運承攬運輸提案。

　　一天，參加一場交通大學舉辦高科技論壇，恰好當天受邀主講者就是張忠謀先生，在演講結束後我主動向前，以交大校友的身分自我介紹，並向張忠謀先生明確表達華航集團的優勢以及對此案的積極態度，我簡述過去華航華儲集團的對高科技貨品配送的成功案例，並承諾會積極動員集團兩岸運送作業整合，包含機隊以及兩岸地勤作業和運送車隊的安排，絕對完美協助8吋晶圓廠整廠運輸。不久之後，華航及華儲以專業且完整的運輸企劃，獲得此案。

　　之所以極力爭取，不單只是為了業績營利，背後的關鍵理由是，當年兩岸關係已由客運正常化要邁入貨運首航後正常化的階段，華航及華儲若能在這一次達成任務，將使得公司品牌以及專業能見度更上一層。更重要

的，此行具有兩岸關係航空貨運首航的歷史意義，是務必達成的任務！

果不其然，此案完成之後，華儲的高科技配送服務能力受到業界肯定，後續又接到友達光電7.5代廠設備進口案，以及茂德科技擴廠配送案等等，華航集團與華儲公司，儼然成為高科技客戶指定航空及航空倉儲業者。

CEO的話

如何看待市場環境，找到自己的定位，敏銳地向前看、向後看、向左看、向右看，調整腳步，再大步邁開。

03

企業 CEO 不能當孤獨的茫跑者

2018 年一項由海德堡大學經濟系博士後的蘇菲阿諾斯（Andis Sofianos），以及布里斯托大學經濟學教授普羅托（Eugenio Proto）的研究指出：聰明的人越容易與人合作。這項研究表示，了解自身利益，較具有智力預見事情發展結果的人，更懂得與人合作的好處。

姑且不論是為了自身利益還是眾人的利益，能夠與人合作確實是完成目標的捷徑。這也是為什麼美商奇異公司（GE）前執行長 Jack Welch 會特別重視人才對企業的

重要，他的一句名言是：「在你成為領導者之前，成功是使自己成長；成為領導者之後，成功便是讓他人成長。」（Before you are a leader, success is all about growing yourself. When you become a leader, success is all about growing others.）

沒錯，成為領導者之後，帶領團隊成長進步是責無旁貸的任務，華人文化常說「帶人前要能帶心」，但如果手下有幾百個甚至幾千個員工，如何讓所有人的「心」都向著你呢？

帶領團隊 先學會放慢腳步

在交通部任職期間，經常要處理許多緊急且複雜的狀況，早已養成決策迅速，效率優先的做事習慣，轉派到華儲的初期，許多陋習看來需要大刀改革，當時經常告訴自己的一個字，就是「忍、穩」－忍住不要著急、不要動怒，穩住腳步慢慢往前推進。

初入華儲時，公司的內部結構尚不容許立刻大破大立，員工素質和正確的心理建設必須要重新培訓，生產線作業也要改革整頓，但在整個組織還沒準備好前進之前，不能自己滿腔熱血往前衝，而是要調整自己的腳步，放慢步調跟大家走在一起，讓員工對你產生信任，才能說服員工與你同步，我經常告訴身為企業主的學生：「寧願慢下來與員工同一步，也不要獨自往前跑了一百步，回頭卻四顧兩茫茫，一個夥伴都沒有，如何能打仗呢？」

　　CEO 在每一個年度，一定會在年末做一份營運報告及新年度目標，並且親自對所有員工簡報，目的是讓所有同仁都知道公司年度目標在哪裡？當你真正成為 CEO，你會發現，經營者最要花心思溝通的合作對象往往不是大客戶，而是內部員工，必須讓他們看見企業全盤的發展計畫與目標，以及未來願景，員工才會主動調整自己的態度跟上。

組織內部是否能夠順利運作，關鍵在員工的腳步是不是跟你合拍。大家都玩過兩人三腳的遊戲，兩個不同的人要想把腳步調在同一個節奏，尚且需要一段時間練習，想要調整團隊的頻率，勢必更要費盡心思去培養，持續的溝通與建立信任，才能找到相符的節奏。

對不同群組 用不同溝通方式

　　華儲的員工從藍領到白領都有，有終年穿著汗衫在倉儲、靠技術和勞力工作的藍領階級，有每日坐在辦公室透過電腦接觸世界的白領上班族，和這兩類員工溝通，方式完全不一樣。對藍領階層，鞭子與蘿蔔一定要同時運用，除了既定的獎懲措施，投訴管道，經常到基層走動聽聽他們的心聲，對管理者有很大的幫助。

　　藍領員工有不對的行為，你可以當場指摘，態度嚴厲也可以，但平時對他們的關心度要很高，管理上最忌諱

的就是「小惡不除，小善不爲」，特別是越基層的員工，勞務中的不滿，上層管理者很難看得到，有時明明可以輕鬆解決的小問題，不適時處理就變成難以解決的積怨。除了工作環境與情緒外，他們的心情甚至家庭狀況也要適時的關心與問候，這會讓他們感到窩心因而發自內心樂於爲公司付出。平時花一些時間與基層互動，這是與藍領階層建立互信的最溫馨方式。

和白領員工的管理溝通，要用公私分明的方式，一般他們不會希望公司過於介入私人領域，CEO最重要是讓他們認知一件事：以專業爲他們指引未來市場。以當時來說，我必須讓員工們知道全球貨運供應鏈的市場走向，以及未來製造業產能的訊息掌握，並訂定年度市場目標額，以績效論高下。

國家經濟發展到一個階段，勞方權益與意識勢必逐漸抬頭，資方必須讓勞方知道：企業的營運，不僅是勞資雙方兩造之間的問題，還有大股東、小股東以及企業服

務對象。過去我常向員工說：「你們要站在企業永續的高度，不要在勞資對立兩端思考問題。」當然，在這個前提之下，資方要先拿出年終分潤規劃，每年必須撥配多少利潤、百分之多少分給股東、百分之多少做為公司公積金及預備金、百分之多少用作公司福利、獎金撥放，將一塊餅配比目標拿出來，勞資一起努力。

CEO的話

一級主管及各級幹部應力行走動式管理，在走動之間發掘問題，解決問題。

「家庭日」讓員工的家人對公司有向心力

CEO不是只有一天到晚想著賺錢看大帳，同時要花時間處理內部問題，員工凝聚力高，公司營運效率自然會好，而凝聚員工向心力不能紙上談兵，你要有實際的行動，永遠記得「先在乎員工，員工才會在乎你。」

聽過小學生有家庭訪問，但聽過公司老闆對員工家庭訪問嗎？日常生活中，我會透過員工家裡婚嫁、生子女，或生病休養的時機拜訪，每年公司的家庭日，是和員工家庭打好關係最重要的時間。家庭日和一般包團外出的員工旅遊不同，一定要在公司進行，這是為了讓員工的子女知道——自己的父母每天上班究竟在做些什麼？透過了解航空貨運倉儲業365天24小時作業3班制的作業，了解了父母工作的辛勞。

家庭日當天早上，員工家屬會搭乘公司安排的遊覽車到公司，孩子們從小學、國高中到大學生都有，我會親自站在公司大門口接待，當他們進入公司後，會有專人引導大家參觀倉儲動線，解說廠房的運作流程，再帶著他們到父母親工作的座位及工作場域，告訴他們：「你的爸媽每天就是在這邊上班。」、「他在做是什麼事？」、「他們的工作對這個世界物流有什麼貢獻？」

早上參觀之後，中午再帶到桃園竹圍漁港吃海鮮大餐，再回公司接著行程是頒發學期獎學金，這時候我還會象徵性的威脅他們：「今天知道爸媽工作的辛苦了，明年沒看到繼續領取獎學金，你爸媽的公司考績就會被打丙等喔！」透過這個親子日，員工的子女會深刻體會父母親辛苦，認識爸媽的公司，知道爸媽每天辛苦的在忙什麼，為什麼加班無法早回家？加深家人彼此的了解。當員工沒有後顧之憂，連家人都很喜歡這個公司，他們會更全力為公司打拼。

04

換位思考

　　企業組織既然是團隊運作，勢必會遇到人與人、部門與部門之間的爭執，或者因為一個狀況兩位部門主管相互指責、推拖，如何公正公平的解決爭執，常常讓許多管理者頭痛不已，其實處理方式很簡單，就是「換位思考」（cognitive empathy）。事實上，無論是對內協調或是對外談合作，換位思考都是每次能夠順利完成協商的關鍵。

　　與人溝通前，試著把自己變成他，想一下如果在他的位置上，想要什麼？怎麼做才能獲得最大利益？考慮對方的需求，就知道從哪裡切入去說服他，找到雙方需求的平衡點。

換個位置 你可以做得更好嗎

　　當部門與部門之間長期發生爭執，無法解決時，你無法要求其他人也跟你一樣能做到換位思考，所以就要幫他們換位，最直接有效的做法就是——將他們調換到對方的位置。

　　每當部門主管彼此間有了意見，甲說乙有疏失犯錯，乙說甲配合度不高，互相找不出解決辦法時，我會告訴他們：「既然你們對另一個人該怎麼做事很有想法，那明天開始你們交換職位，看看你們如何處理對方的問題。」通常這樣換了位置一兩個禮拜，就會知道彼此做事的難處，最後兩個人會一起過來找我，告訴我他們已經協調好要怎麼互相配合，這個方法屢試不爽，不需要花太多心思，問題就迎刃而解。

換位 提升企業運作彈性

換位思考的邏輯，以員工訓練的角度來看，也能大大提升企業運作彈性。適材適用為員工培養工作領域上的第二專長，隨著進度進行靈活調配，對人事成本和工作效率有相當助益，我很鼓勵員工多元學習，把自己變成一個可以被公司多方利用的通才，對自己的發展和公司利益來看，兩方皆贏。

舉例來說，在機艙和貨運倉儲現場，空間即是金錢，為了充分利用每一個空間，我們會讓物品在安全標準下，打盤盡量往上堆疊，對倉儲管理來說空間就是成本，不管客戶的商品是一般常溫、冷藏、冷凍、貴重、危險、精密儀器等，都必須用最能掌握空間效率的方式儲存，因此倉儲有兩個人特別重要，即是打盤師傅和拆盤師傅。

這兩個角色在倉儲的地位是很重要的，前者是貨品出口前，負責將貨品穩固地堆疊到棧盤，以利存放置貨

櫃；後者是貨品進口送到倉儲後，將堆疊在棧盤上的貨品拆取下來，打盤與拆盤看似雷同，其實兩者之間的技術差異很大，需要很長期的經驗累積，才能成為一個能獨當一面的師傅。

過去，華儲的打盤和拆盤各司其職，各自專精自己的領域卻不懂對方的功夫，然而全球貨物進出臺灣的時間並非人為可以控制，有的時候打盤單位人手不足，拆盤作業員卻閒置一旁，有時候又相反，為了解決這樣的狀況，我希望兩邊可以互相合作，提出要他們彼此學習對方的功夫，以解決單方塞車的問題，沒想到卻引起幾位老師傅的反彈，他們認為自己資歷已經幾十年，何苦還要再去學習別的功夫，幫自己多擔勞務。

我說過，這些師傅在現場都是很有地位的，不只負責自己的工作，還負責帶人，底下的員工可以說都是他們的學徒，用高壓手段對這些老師傅絕對不是明智之舉，萬一師傅帶頭抗議，可就更麻煩了。

在幾次協商後，我公布了新的政策，首先，鼓勵年紀較輕的師傅，可以主動申請調動部門，多方學習提高自己的功能性，並承諾這對將來晉升管理職是重要的考績；其次，要求新進的倉儲人員必須場域專業輪調，同時學習打盤與拆盤。經一段時間新舊交替後，倉儲部門逐漸培養了打盤拆盤皆「通才」的員工。

CEO的話

公司各級主管面對事件與糾紛的處理原則：面對它、解決它，欲以拖待變，鄉愿應對，將永遠無法擺脫其困擾。

05

教育訓練的精神

　　一般在倉庫單位的工作人員，都把自己的工作崗位當做是一個貨運集散地，只知道這些貨物要從 A 點來到這邊，準備配送到 B 點，他們不需要，也不想了解自己運送的東西是什麼。

　　初到華儲貨運站，我發現倉庫時常發生的貨物倒盤狀況，一旦客戶貨品有什麼損害，賠償金額是最簡單的處理方式，當客訴過多影響公司聲譽，更是難以挽回的損失，而這些成本也會削弱最終盈餘。

了解才知道如何重視

　　人為疏失引發的損失，一般可以透過一再監督、懲處方式來改善，但我認為要改善人為疏失，**關鍵還是要從「人」下手**，搬運貨品的員工若能發自內心保護手上的貨物，又怎麼會讓損傷一再發生呢？那麼，如何讓員工發自內心保護商品，不是獎勵，更不是處罰，我的作法是提高教育訓練品質。

　　一位資深員工問我：「教育訓練我們每年都有在做，哪有辦法讓員工善待自己手中的貨物？」

　　「那得看你訓練的內容是什麼？」

　　打開我的教育訓練計劃，內容不是從前讓大家認識全球貨運流程的制式內容，也不是要他們記什麼規則章程，而是從貨品源頭教育。從如何料理海鮮、品酒、水

果栽種、世界各國跑車與其特性、高科技半導體晶圓片及機具了解，都是教育訓練主題。

「以後員工教育的課程主題沒有限制，只要跟華儲配送物品有關都是我們上課的內容。」在場的高層幹部全都瞪大著眼睛看著我，各個沉默不語等著我發話：

「每一個部門，從主管到第一線同仁都必須參加，每次教育訓練的主題，都與我們接單的配送物品有關，要員工們都知道自己配送的是什麼東西？深刻了解物品特性和價值，當一個人知識水準提升、專業度夠，他會很自然而然尊重自己的工作，善待手上的物品，認真的『照顧』它們。」

舉例來說，配送花卉、海鮮蔬果，訓練課程中講師會讓他們上課認識各種花卉、海鮮、水果品種，各品項從離開原產地的配送過程中，需要什麼樣的溼度、溫度是最適合？品嚐和保鮮溫度？怎麼搬運才不會造成損傷；

運送跑車，會認識全世界的高級跑車，哪一款最拉風？
性能如何？應該有什麼配備？配送高科技產品，會了解
晶片製程、存放技術，以及機台設備。同仁們有了相關
知識，他們知道自己比一般配送員多了一份專業，會主
動賦予自己更高的責任，這樣發自內心的改變，遠比任
何監督叮嚀有效果。

從「薄酒萊」到「台積電晶圓廠」

2005年11月，首批薄酒萊新酒抵台，新酒最暢銷的國
家，除了產地法國之外，臺灣是僅次於日本、美國，位
列第3名的銷售地。依慣例，每年11月的第3個星期四
（當年是台北時間17日），是法國的薄酒萊新酒世界同步
開瓶上市的第一天，為了讓臺灣能與世界同步開瓶，此
次華儲的物流系統扮演著極其重要的關鍵角色！

11月11日新酒抵台前，我們已經特別成立了專案小組備戰數月，更擬定『薄酒萊進口專案計畫』統籌規劃相關作業細節，而早在幾個月前同仁已開始接受「品酒」相關教育訓練，從紅白酒、香檳、威士忌特性，原料品種、產區特色、保存方式和搭配食物等等包羅萬象，讓員工從品酒當中增加對酒的認識，知道該怎麼去配送這些酒才能保存它的完整不變質。

　　11日新酒抵台，總計10架次班機，總重675餘噸，華儲動員各部同仁攜手合作，進行貨物密集進倉與提領，使所有新酒在11月16日前全數提貨完成。此戰讓華儲公司一舉成名，公司士氣也大為提升，不僅客戶對於華儲的優質服務讚不絕口，進口酒商紛紛表示後續仍要把薄酒萊進口交給華儲處理。

　　無獨有偶，華儲在2006年獲得承接台積電8吋晶圓廠設備計畫，這不僅僅是兩岸貨運包機首航，更是國內首次晶圓廠精密儀器整廠輸出個案，此案成為華航與華儲樹立貨運倉儲新指標的關鍵。

由於機台設備極度精密，整個運輸過程繁複且難度極高，只要在運送過程中機器有一點碰撞損傷，就可能導致機器組裝之後校準誤差，無法生產。運送過程必須完成同班次運載以及不可堆疊之種種特性，無不考驗團隊作縝密的運送規劃。為了這次的配送，公司全面戰戰兢兢，事前的員工教育就花了不少心血，從讓同仁了解晶圓是什麼？如何被切成小塊放在手機？放在哪個地方？機器零組件與機台拆解後，如何包裝等等。

　　運送時也依台積電的要求，明列各貨箱機台尺寸、重量；打盤時每一機台的放置方向，每一櫃貨物的重量材積都有特別安排，萬一飛行途中遇到亂流，才能避免機台傾倒或撞擊；在地面作業時，特別使用氣墊車拖運盤櫃，並限定時速低於5公里，以達到最佳之避震效果。同時，為了要做到萬無一失，每航班都指派專業人員全程跟貨，確保運送的每一個流程無誤。

落地後，更經雙方特別安排飛航時刻，讓兩架貨機可並排停放於機場進行盤櫃直轉作業，縮短貨物於機坪停放時間，華儲特別成立的「IT Care專案小組機制」，全程以最高效率使這項大型配送任務，由桃園國際機場至上海浦東機場2小時安全抵達。完成這項艱鉅的任務之後，不僅再次向業界證明華儲的專業能力，更讓全體同仁爲公司和自己寫下，航空集散站爲高科技業整廠運出作業的新里程碑。

CEO的話

永續經營的公司，首要的條件就是制度化的運作。如同火車在軌道上運行，公司員工務必要做到「各司其職、各盡本分」的工作態度。

06

另一個舞台新挑戰

　　在我接管華儲的 3 年後，一個新的挑戰迎向我，它是一個沒有事前預演、沒有預告，也沒有讓我可以有時間準備的舞台。

　　就在華儲事業蒸蒸日上時，2007 年初臺灣高鐵啟動帶來國內航空線全面衰退，華航董事會有意讓我接任華信董座，從提議到決定沒有經過太長時間，2007 年 11 月華信航空召開臨時董事會，一致通過由我接任華信航空董事長，新挑戰再次來臨。

危機轉為生機

受高鐵營運衝擊，2007年5月華信航空在交通部民航空局同意下停飛臺北－臺中航線，從全盛時期每日7－9班，縮減為每日1班，是最後一家停飛國內線的航空公司。但面對因大環境變動而走入衰退的華信航空，我要怎麼做才能再交出漂亮的成績？

過去的華信航空也曾風光一時，90年代末期，華信正式成為中華航空全資子公司，並配合華航航線策略交出長程航線，轉型為經營區域性中、短程航線，以及臺灣本島、離島為主的航空公司。2002年代華信成為繼華航及長榮航空後第3個經營台港航線的臺灣航空公司，2003年兩岸直航台商包機拍板後，華信的春節包機行動也為兩岸直航做出貢獻，細數種種，不難發現它也曾經是國內短程航空業的佼佼者。

但是，2007年1月5日台灣高鐵正式通車營運後，正式邁入環島「一日生活圈」的高鐵世紀，高鐵改變了臺灣整體交通運輸型態，對國內環島鐵路，專駛北高線民營遊覽車以及國內線航空產業造成巨大衝擊。面對高鐵來勢洶洶的競爭，各家航空公司該如何迎戰？華信航空又應該如何在航空業再次突圍？

　　正式進入華信航空之後，我詳細研究華信航空的發展，設定了三個華信未來走向：

1. 開闢雙樞紐機場（臺北松山、臺中清泉崗機場），拓展亞洲新航線，讓飛機有新的航點布局。
2. 說服華航將波音737-800機型先租後售，全數轉入華信，由華信負責亞洲中、短程航線。
3. 關閉華信航空，併入中華航空公司。這是最後的手段，但也不一定是最壞的結果。企業經調整後若仍見不到前景，CEO應備妥方案，讓企業員工進行合理的納編轉移，並讓股東損傷降到最低。

當時華信航空有內外夾擊的困境；外部有同業的競爭、航線分配未定、油價高漲、高鐵開通衝擊的大環境壓力，內部包括機隊規模不足、新機航務人員訓練未到位、財務結構……等，想要活下去，必定得從內部開始，調整公司體質、組織結構和營運模式。

華儲公司站穩了國內航空倉儲物流龍頭地位，是因為改變了創新商業模式，重新塑造新的航貨運供應鏈作業；那麼華信航空呢？我進一步盤點華信航空的優劣勢、機會和威脅是什麼？這些都會直接影響華信未來可以走的方向。

華信航空具備國內外航線基礎，雖然規模屬中小型航空公司，卻是五臟俱全。當國內航空市場因高鐵通車而縮減，造成飛機使用率降低，華信航空要做出立即績效，其實就是最基本的兩件事──「節流」、「開源」；對內，降低耗損，從簡化機型開始調整供需，逐步淘汰成本高的飛機。

對外，重建關係，設計與旅遊業者新的合作模式，開闢新航線航點，布局旅遊新市場。

從客戶需求找機會

企業面臨轉型，變革是必然手段，但怎麼變？如何改？一定有根有據的市場評估作為基礎，CEO 最忌諱就是一昧推行新穎創新的想法，卻忽略現實需求。那麼，該如何抓對變革方向？

2007 年到 2008 年兩岸小三通往來越趨熱絡，我發現旅客從台北到金門機場交通雖然便捷了，但出了機場後的交通接駁卻是中斷的，當旅客進入金門後，無論是準備在金門當地旅遊，或者由金門水頭碼頭再搭船前往廈門和平、東渡碼頭，都需要自行找交通工具，這對旅客來說十分耗時費力，卻也讓我看到了機會。

爲重建華信在國內的旅遊市場，我從旅客角度觀察市場需求，若是華信能幫他們安排一票到底，也就是所謂的一條龍旅程，我相信會大大提升旅客搭乘華信的意願度。

　　很快地，我立刻著手規劃「華信聯票」，這是一張包括臺灣到金門的機票、金門當地巴士接駁套票；也能同時購買從到金門到廈門船票。旅客只要選擇華信，就能以最便利的方式讓海、陸、空交通一次到位。

　　除了臺灣與對岸的小三通旅客外，還要同時對入境和出境旅行社、國內散客與觀光旅遊團進行走訪，在便利旅客的基礎下，串起國內北、中、南到台東花蓮、金門、澎湖馬公航網，做出國際與國內旅遊市場的鏈結，讓亞洲航線旅遊市場，與國內航線旅遊市場結合。

　　透過一步步交通整合大串聯，華信航空慢慢擺脫因高鐵影響運能的窘境，交出了一張張漂亮的成績單。除了

上述的航網新布局外，華信航空的樞紐機場從臺北松山遷移到臺中清泉崗機場的決定，對華信航空的未來影響甚鉅。

遷移決定

一場棋局蘊含兵法戰勢，小小一個落子可以撼動全局發展，華信從松山機場遷移到中部的決策，就是新戰局的一步關鍵落子，這不僅改變華信在國旅航空業的定位，在布局臺灣觀光藍圖的思考脈絡上，也有著關鍵性的啓發。

2000 年後，交通部已進入臺中市水湳機場遷移清泉崗機場規劃作業，目的是讓大臺中都會建設更加完整，2007 年開始，交通部民航局要求國內航空公司，選擇清泉崗機場作爲主要進出基地，當時沒有任何一家航空公司願意進入到清泉崗，最土要原因是因爲清泉崗機場離

臺中市區遠、機場設備還不夠完善，其中包含復興、立榮、華航、長榮都抱持觀望，沒有一家航空公司願意先行，當時民航局局長私下為此苦惱嘆氣：「真是望機興嘆啊！」

　　布局企業未來，不能只憑眼前所見來做決定，進行任何重大決策，一定要實地走訪，徹底了解產業未來動向，才會有「做」與「不做」的決定。在拜訪臺中旅遊業、物流承攬業、科技產業以及在地民意代表後，最後，基於兩點評估，毅然決定將母基地與飛機維修廠遷往臺中清泉崗機場。

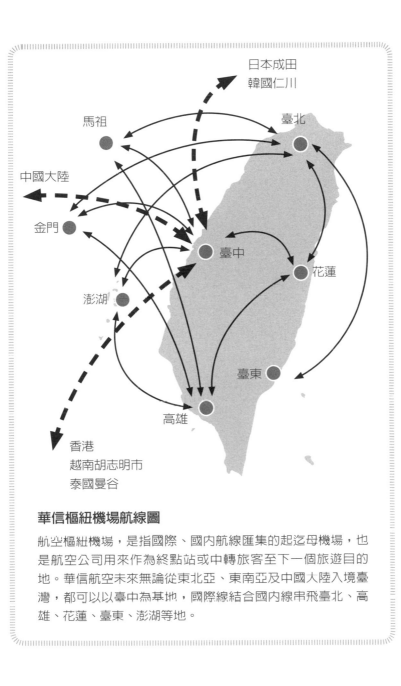

日本成田
韓國仁川

馬祖

中國大陸

臺北

金門

臺中

花蓮

澎湖

臺東

高雄

香港
越南胡志明市
泰國曼谷

華信樞紐機場航線圖

航空樞紐機場，是指國際、國內航線匯集的起迄母機場，也
是航空公司用來作為終點站或中轉旅客至下一個旅遊目的
地。華信航空未來無論從東北亞、東南亞及中國大陸入境臺
灣，都可以臺中為基地，國際線結合國內線串飛臺北、高
雄、花蓮、臺東、澎湖等地。

決定華信航空以臺中機場為樞紐的重大決策，主要經過以下兩點評估：

首先，臺中不僅有中部科學園區、臺中精密科技園區、加工出口區，也是傳統工具機生產大本營，及自行車零組件最大聚落，其產業經濟實力雄厚可期。

其次，臺中市與周邊7個縣市地理連結十分密切。高鐵開通臺中烏日站更成為中部苗、彰、投、雲、嘉、嘉的進出門戶，未來中部人流物流進出亞洲，臺中機場就是重要的客貨集散地。

以臺中機場為樞紐，對接國際線和國內線連結的營運模式，未來無論從東北亞或東南亞入境臺灣，華信航空都能以臺中為基地，國內線串飛臺北、高雄、花蓮、臺東、澎湖等地。

對於華信航空的未來，當時創新商機是我主要的思

考點，誰也沒想到這項亞洲國際航線的布局，在執掌高雄、臺中兩大城的市府觀光局長後，有了更多縱深效益。

像是「蝴蝶效應」，你永遠不會知道現在做的一個決定，在你未來人生道路上會產生什麼劇烈的連鎖反應。我們唯一能做的，就是在自己所站的舞台上，認真付出、盡心盡力！

CEO 的話

與時間賽跑的意義與對象是誰？就是與現實市場比；與洶湧的競爭者比；與昨天的自己比；與明天的自己比賽。掌握現在，才是唯一的依靠。

台下筆記

多年後回首，發現自己跟臺中機場有著妙不可言的機緣。

1. 90年代臺中水湳機場搬遷計畫初步成形時，我正在交通部服務，參與了初期的規劃開發及遷移。

2. 後調往華信航空主導航空基地搬遷，決定將母基地從松山機場轉移至臺中清泉崗機場，將中部機場作為亞洲短中程航線樞紐的藍圖，也是在這個時候逐漸成形。

3. 事隔數年，轉任臺中市觀光旅遊局長位置，親自規劃執行臺中市及中臺灣「中進中出」旅遊創新模式，將這座城市放置在亞洲航網樞紐地帶軌道上，並牽線促成臺中國際機場與日本中部國際機場締結姊妹機場。

這也是生命際遇有趣的地方，雖然我們無法預料自己未來會走到哪裡，但「你當下認真做的每一件事情，都在為你蓄積下一步的能量和機緣」。經營企業或服務公職，把起心動念放在「讓周遭的人可以因為你的努力而變得更好，大至一座城市因你而變亮」，命運似乎就這般推演，創造更精彩的生命價值。

CEO的話

很多企業經營者及員工都懼怕改革，相信不變是最安全的，但競爭市場是變動的，只有將改革視如家常便飯，才有機會吃到好吃的家常菜。

07

勞資關係建立
從需求開始

　　「人本」觀念，是企業文化中很值得被提出討論的環節，管理學上指的是從「人」出發，透過激發個人內在積極力以提高效率。特別在服務性質高的企業當中，我認為在公司內部能夠滿足員工最基本的需求，員工自然會對企業產生愛護和向心力，這種正向氛圍隨著內化企業文化延伸轉化成服務客戶的態度，相對提升公司聲譽及市場利潤也因此而生。

馬斯洛需求層次理論〈Maslow's hierarchy of needs〉

傳達的也是同一種邏輯。在人最基本的生理與安全需求沒有被滿足之前，根本無法思考他人的需求或更高的理想。

同樣的，企業塑造良好的勞資關係，一定要先從保障勞工最基本需求-薪資、福利、工作安全與穩定性開始，才能循序漸進去談效率和遠景。

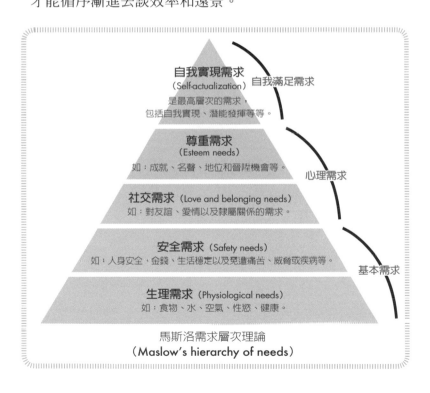

自我實現需求
（Self-actualization）　自我滿足需求
是最高層次的需求，
包括自我實現、潛能發揮等等。

尊重需求
（Esteem needs）
如：成就、名聲、地位和晉陞機會等。　心理需求

社交需求（Love and belonging needs）
如：對友誼、愛情以及隸屬關係的需求。

安全需求（Safety needs）
如：人身安全、金錢、生活穩定以及免遭痛苦、威脅或疾病等。　基本需求

生理需求（Physiological needs）
如：食物、水、空氣、性慾、健康。

馬斯洛需求層次理論
（Maslow's hierarchy of needs）

三階段完善人資結構

　　與華儲相同，華信航空組織改革時，人力資源結構
是我著力的重點之一，要讓「以人為本」的企業文化不
淪為口號，唯有透過明確的制度頒布，才能讓上下員工
有所依據的推行。然而，改變，從來不是一件容易的事
情，人資制度不僅影響員工的現狀與未來，也會牽動公
司的財務運作，一定要分階段實行，關於人資架構調
整，我一開始訂定的是3–5年計畫。

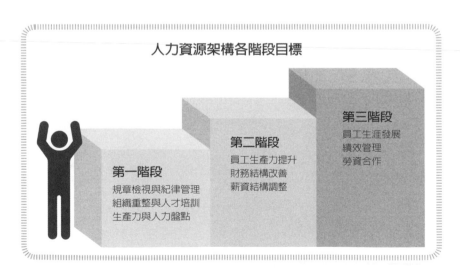

人力資源架構各階段目標

第一階段
規章檢視與紀律管理
組織重整與人才培訓
生產力與人力盤點

第二階段
員工生產力提升
財務結構改善
薪資結構調整

第三階段
員工生涯發展
績效管理
勞資合作

初步從規章與紀律調整開始，一步步強化人力品質；第二階段當員工素質與生產力提升後，進而能夠在財務中調整薪資與人力結構；第三階段再持續提升績效與勞資合作細節，讓員工能夠明確看到自己的發展前景。

調整勞資關係絕對無法一次到位，循序漸進才能讓股東感受公司進步的同時，也讓員工因為看得到更好的未來而努力。在股東利益與員工福利中取得平衡，是CEO重要的職責之一。

建立溝通平台

勞工意識抬頭乃是一個社會發展必然的**趨勢**，近年來航空業罷工與臺鐵員工拒絕加班事件，使臺灣的勞權問題再次浮上檯面。冰凍三尺非一日之寒，勞資雙方的衝突皆來自彼此長期缺少溝通，演變為不信任感，讓弱勢的一方有被剝削與壓迫的感受，解決這些問題的根本方

法，除了完整的人資制度，更要建立有效溝通管道。

　　在人力發展規劃中，勞資溝通平台是企業中勞資合作的重要單位，臺灣勞動基準法規定，事業場所勞工人數在30人以上者應依法規定定期舉辦勞資會議，許多企業會以勞資會議作為主要溝通平台。但為了確保勞資溝通管道暢通且即時，我規劃了一個從個人到團體，從最基層到董事長的平台結構，確保勞資溝通有效性。

勞資溝通平台

模範員工表揚　　董事長有約座談會　　每季勞資會議　　董事長　　勞資團體協約會議　　內部溝通會議　　員工提案獎勵辦法

這一個溝通平台，同時擁有公開與保密的溝通方式，讓華信全體員工都能看到表現優異的同仁，並從最基層到最上層CEO都有暢通的溝通的管道。

推動公益

接任華信航空董事長上任幾天，有一件事情非常不習慣，我發現不管什麼時間進出辦公室，每個部門的員工都出奇地安靜，偌大的辦公空間，氣氛冷峻嚴肅。航空公司人員是一份高壓工作，尤其機組人員長時間在密閉空間中工作，且時時要保持最高品質和服務儀態，更重要的是絕對「安全」完航使命，這樣的壓力狀態非一般行業可想像，在高壓環境中工作，更應該在公司建立一種家的氛圍，使員工彼此成為相互照應、一起打拼的家人。

一次主管會議上，我說出了我的想法：「我們辦公室氣氛一直都這麼冷清嚴肅嗎？完全沒有活絡溫暖的工作氛圍。」主管們被問的面面相覷，等了幾秒才有人說：「幾年下來都這樣，上班、下班、回家，每個人都是很盡責很規律做自己的事情。」

隔週主管會議，我再提了一次：「航空公司作為服務業，不是應該更有活力、有人情味？你們有什麼想法嗎？」底下一片鴉雀無聲。我只好自問自答：「一個公司，應該要像一個家庭，有溫度、有溫暖，特別是像航空公司這樣工作時間長的服務企業，更要讓員工在公司感受家的氛圍。」

　　看著會議上一語不發的主管們，我只好將自己的想法說出來：「我們來做公益，成立《華信天使隊》^註讓華信員工一起做公益活動。」

註：「華信天使隊」是由公司許多具備歌唱、魔術表演、英語、藝術創作、自組樂團等才藝的員工組成，成員包含空服組員、地勤地服、維修及業務行政人員。透過華信天使隊及公益委員的推動，經費來源是公司每銷售一張機票捐助十元、員工樂捐、旅行社同業贊助，捐助對象遍及華信航點縣市當中資源少的養老院、孤兒院、偏鄉學校，包含北中南東及金馬澎湖離島，甚而與羅慧夫顱顏基金會合作，遠赴柬埔寨提供兔唇修整手術、兒童福袋贊助、緬甸大風災與靈鷲山心道法師合作賑災物資運送工作、中國大陸四川汶川大地震運送中華搜救隊及醫療用品到四川雙流機場等。

透過投入公益爲華信航空營造「公司家庭化」、「公司社區化」的企業文化，是我思量多日的結果。由於在年輕時代在泰柬邊境擔任國際志工的經歷，對生命有相當深刻的體悟，人不僅要活，還要有尊嚴地活在這世界上。活得有尊嚴有意義，並不像我們想的理所當然，我們能生活在不受戰火波及的國度，不受飢餓所苦的家庭，能順利成長、受教育、謀就業，都屬於幸運幸福的人；但幸運幸福外，更要讓自己活得有意義、有價值，活得對社會有貢獻，才不枉老天爺給我們的這份平安幸福。《華信天使隊》就在這樣的理念下成立。

所謂「公司家庭化」，指公司猶如家庭會議決定共同參與每月每季家庭公益活動；所謂「公司社區化」，即以公司機隊飛航的航點城市爲對象，參與該縣市的公益社福關懷活動。華信的公益活動不是直接指定公益機構合作，淪爲形式的舉辦記者會捐出一筆款項就完成了，我希望這份回饋社會的心意能更直接、長期地傳達到最需要的角落，因此特別成立《華信天使隊》，將原本各自默

默在慈善公益付出的同仁聚集起來，由同仁從華信航空主要飛航城市為目標，在這些城市尋找需要協助的慈善團體，再透過公司的力量讓這份愛擴大。

為了不流於形式，捐贈救助的方式在華信是有組織、有計畫性的實施，分為三個方式：

1. 華信每售出一張機票捐贈十元。
2. 機艙放置愛心布施袋，由乘客自由捐贈，款項全數捐出。
3. 員工和相關福利機構合作，進行志工服務與慈善捐款。

透過天使隊同仁的努力，華信足跡遍布臺灣北、中、南的育幼院、養老院、偏遠山區國小，除了帶著華信全體同仁的愛心捐款前往，更利用假日前往各個需要幫助的地方，將心意化成身體力行的動力；也曾在飛航臺北－仰光班機上提供零錢布施袋，讓旅客將零錢捐給國際非

營利組織―GFLP緬甸教育計畫。華信天使隊推動之後，辦公室原本冰冷的氣氛開始有了改變，大家在休息之餘，會主動討論公益計畫，甚至有位同仁跟我表示：「我現在覺得在華信上班，為的不僅僅是自己的一份薪水，還對社會做出更多貢獻，這讓我每天都充滿活力。」我想這就是無私奉獻帶給人最寶貴的回饋。

CEO的話

讓自己活得有價值、有意義，活得對社會有貢獻。

華信航空 四川救災

2013年，中國大陸四川成都西南交通大學一場全球交通大學校友高峰會，議程安排了一場「災難應變與危機處理」研討會，我受邀進行一場40分鐘的演講，台下是來自全球的交大校友及成都西南交大師生，而我的講述題目就是—「交大人，交通人在災難發生的第一秒鐘，腦子在想什麼」。

2008年5月12日下午14:28:04震度達8.2級，當日下午全球獲知大震災訊息，每個人都在談「這震度太大了！」、「傷亡多少？」、「可以幫什麼忙？」，時任華信航空董事長的我，當下一秒鐘就是「可啟動派遣救援專機」，並開始思索後續一連串的作業。

當晚立即在公司召開派遣專機小組會議，討論航路、機場管制，並且與臺灣陸委會、海基會、交通部、民航局聯繫，討論松山或桃園國際機場和中國大陸國台辦、海協會、民航總局及四川雙流機場等

兩岸事務機關的聯繫對接事宜，從成都到汶川縣災區交通尚有138公里，務必要在最短的時間內完成兩岸作業流程，爭取48小時黃金救援時間。

隔天，臺北市前副市長歐晉德和中華搜救隊來洽請救援專機及搜救機具、醫療物資的載運，兩岸高層對此等兩岸重大事件，雙方取得高度共識，確認速件核准人道救援專機。當震災發生後，四川雙流機場已進入空域管制，僅供中國大陸的軍民救援專機使用，而華信的人道專機是全球第一架將物資送到四川雙流機場的救援專機。

從桃園起飛開始，抵達四川後，立即進行物資卸貨的地勤作業，完成後再飛回桃園機場，總計10個小時，最辛苦的莫過於兩組機組人員，從飛機出發後我身為董事長一直在桃園機場等候，直到見到返程的機組人員懸著的一顆心才真正放下，後艙組員們出海關已是凌晨3點，見到我大聲叫著：「董事長你怎麼還在機場？你一直在這裡等喔？」我告訴他們：「家裡的人還沒回家，我怎麼能放心。」這群剛執行完救援任務的機組人員，竟像孩子一般地抱著我感動落淚。

獎勵要做到讓人有感

　　空姐是全飛機上最忙碌的人，大家總是注意到她們笑容可掬、光鮮亮麗的一面，其實，如果仔細留意她們的雙腳，會發現很多空姐因為久站的關係，小腿有靜脈曲張的狀況，一次工作空檔和同仁聊天的過程中，有位資深空服員提到：「我們穿著高跟鞋的時間很長，除了靜脈曲張之外，很多人腳底都是厚厚的繭，很不舒服。」一次，趁著到越南胡志明市考察的時機，我在這個亞洲著名的製鞋廠集散城市，跑了5家鞋廠，終於讓我找到一間品質和成本都符合預算的製鞋廠，我向工廠提出了一個合作建議，他們必須依照我的需求設計一款鞋子，但是只能收生產費不收設計費，等到我們的空姐穿上這雙鞋子後，會在宣傳照上把鞋子拍得美美的讓他去做宣傳，如此一來我在最精簡成本的方式下，為空姐專屬設計出一雙會呼吸的鞋，跟我合作的鞋廠不僅多了一項好商品又省了宣傳費，雙方得益，一舉多得！

多用心觀察員工的工作情況，不只可以解決他們在工作場上切身問題，也能解開服務品質的瓶頸。

又有一次出公差，在香港回臺灣的飛機上，從空服準備機上餐的過程中，看到了機上免稅品業績一直無法提升的原因。經常搭飛機的人，可能會發現短程航班上的空服比起中長程航班，看起來更加忙碌，因為航程時間短，服務乘客的時間相對短，到了用餐時間，空服把餐點弄熱馬上要發送給乘客，發完再準備飲料，沒多久又要趕快收回來整理，忙碌的過程中，還不時要應付客人各種需求，在這樣緊湊的工作流程中，哪裡有空去推薦機上免稅品呢？

在旅客需求跟人力配置無法更動的情況下，要提升業績只有靠空姐們自己調整效率，從空服的角度去想，要在忙碌的工作中挪出心力去推銷免稅品，無疑是增加自己的工作負擔，如果沒有足夠的誘因誰都不樂意，左思右想，我將機上免稅的促銷獎金從5％提升到20％漲幅

讓空姐們非常有感，士氣頓時提高，空姐們因此主動討論如何分工並加快服務速度，用餐時間之前，有人負責整理餐點，有人先銷售一次，收完餐後一批人整理，另一批人又再多走幾趟，不到1個月業績就明顯提升。

我很喜歡找機會和同仁在一起，觀察每個人，讓自己去感受他們的需求，了解他們的特點，當你能讓員工各顯所長，甚至無後顧之憂的工作，他們在職場上的表現一定會比別人出色。

不去觀察員工，不了解他們的工作環節，就不會看到真正的核心問題，另一方面，給予員工的獎勵，如果是不痛不癢小甜頭那不如不給，要給就要做到讓人有感。

有一次我去香港回來在機場遇到一個空姐，跑過來興沖沖對我說：「謝謝您當初把我們免稅獎金提高，我們同仁都很開心。」我離開華儲、華信多年，還是很多同事記得我的生日，會在那天打電話或傳訊息給我祝福。我

想：「當你善待人心，一定會獲得曾經用心、努力後的感動回饋。」

CEO的話

提供一個良好的工作環境—人身安全、人才培訓、適材適所、福利制度、勞資和諧、永續經營；這種環境的營造是經營者的責任，也是上下員工共同的責任。

08

從董事長變船老大

　　我不是一個宿命論者，但有時人生的際遇會讓人不得不相信命運微妙。從交通部部長辦公室參事後進入產業後，三年完成華儲轉型階段性使命，即被派往華信接任董事長；在華信航空服務期間，就商業模式、營運績效、內部勞資關係來看，每項都是優等成績，並成立《華信天使隊》到各地去做慈善服務，我的目標是將華信變成華航體系內一個「小而強」的子公司；當目標達成之後，命運再次重演，一個新的挑戰迎向我，我又被賦予新的任務。

這次也是另一個公股企業，也是更艱鉅的任務－高雄輪船股份有限公司首任CEO。

在我上任之前的高雄輪船公司，已經是每年虧損千萬元的單位，是一個營運狀況面臨嚴重財務負擔的交通運輸事業，第一次到市長室拜訪，我問市長：「那麼，目前這間公司有多少正職員工呢？」

「都沒有耶！」

「沒有！是一個都沒有嗎？」

「是的，都交給你處理了。」

市長這一個簡潔明確的回覆，帶給我不小的震撼，我知道高雄輪船公司的規模遠比華儲、華信航空小很多，但沒想到除了船員外，手下一個兵都沒有，我拿什麼打仗？沒想到，我現在成了一個名符其實的船老大。

高雄輪船公司成立於2005年，一直以來都是由高雄公共汽車管理處兼管，2010年規劃車、船分家，轉型成輪船股份有限公司，獨立負責高雄市所有公共渡輪、

觀光郵輪的業務。要從一個行政組織轉型公營公司化至民營化，過程很多細節須要重新拆解重組，包含員工離退、組織管理辦法，所有的營運要符合公司法、營業基金預算等，仔細研究這間公司的資料後，逐漸發現這個組織的營運狀況，比當初我接任華儲、華信時問題更多，怎麼辦？從人力管理、航安、財務結構、營業行銷等都要大重建，儘管如此，當即要務是得先解決一個員工也沒有的窘境，那陣子自己在愛河旁的真愛碼頭招募船務、行政、業務等員工。

許多夜晚，夕陽西下晚風徐徐，一個過去在交通部13職等的官員，管理過上千、百人國營企業，現在跑到愛河旁邊，孤零零一個人守著幾十艘船當船老大，內心著實很苦澀。但隨即轉念一想，愛河代表著高雄這座國際城市的觀光門面，我自己何其有幸，能夠為這座城市擦亮門面，非得好好將高雄輪船公司整頓起來。

經營管理上，我們經常會面臨眼前頭緒紛繁的難題，

最有效的方式就是──設定目標，美國著名管理學大師
Stephen Covey所提出的「以終爲始」也是相同概念。將
目光放遠，然後把你的專注力放到如何達到目標，就是
解決困難最好的方式。「我要把眼前這個美麗的河景推到
世界觀光舞台。」這就是我看到的目標，一旦目標確認，
就全心全意進行高雄輪船公司的改造計畫。

從一兵一卒開始

　　所有的營運工作，最困難的就是從0到1這個階段，公
司開張，辦公室尚在尋覓地點、無一兵一卒，首要工作
就是先招募場站管理、行政、業務、財務人員。

　　高雄輪船公司從組織架構重建，到逐一面試內部人員
到位，可以說是胼手胝足，從零開始一步步整頓而成。

　　高雄市是港埠城市，應該有很多港埠碼頭、船務管理

人才，奇妙的是，招募過程中，擁有渡輪、遊艇、渡船碼頭管理、航網規劃專才卻少。公告招募航務經理，等了一週，第一個來應徵的是遠東航空高雄站經理，有場站管理經驗、有航網規劃能力、有票務銷售、旅行社業務經驗，各方條件符合招募需求，但我要的是「海」，不是「空」，礙於領域不同，我遲遲無法拍板；但等來等去也沒有更合適的人選，我回想，自己在華航集團橫跨客運和貨運專業，就是將「人與貨當做商品」行銷，一通百通，又何必糾結於應徵者的專業領域；另一方面「空和海一家」的管理與行銷，可能會有不同的創新思維管理模式，想通之後，我選擇錄用這位「空」經理。

第二位應徵財務經理，理想中要有公司財務、出納會計，與公部門預算編列經驗，並且能懂營業基金管理。應徵者有公司會計，會計事務所會計人才，卻無一人有公部門財務編列預算經驗。時間緊迫，從中選擇一位任職過會計事務所人員，公部門預算編列的部分，我就自己就當一回老師來上課。補齊了兩個主力戰將，陸續行

政人員、議會連絡人、業務、船務人員再一一到位。

企業定位　當「B2C轉為B2B」

高雄輪船公司從行政機關轉為營利單位，即是將交通渡輪轉型觀光交通渡輪。

既要轉為公司化就要設立盈餘目標，但高雄輪船公司原屬交通船性質，規模不大且提供旗津市民免費搭乘，要兼顧高雄觀光渡輪與居民免費搭乘的情況下，財務上不可能盈餘，至多損益兩平，在市政議會上我也明確表達了現況，並且希望交通局的年度補助要正常化以支持其運作。

如何兼顧原來的服務，又要在財務達到損益平衡？首先，從調整售票開始，以商業中使用者付費原則，將原本鼓山站到旗津站的交通船，提供旗津區市民免費搭乘

外，其他高雄市民調整為優待收費，藉此逐步調整票價結構，目標是一年後達到損益平衡。接著，再創造新的盈餘，要如何產出新的盈餘？下一步就從商業模式改變。

為了將客戶群從散客轉化為企業與旅行社等團客，我著手整合交通渡輪與觀光遊艇運輸供應鏈。一一拜訪行政部門的觀光局、交通局、旅行社、旅行同業公會、觀光飯店和航空公司及民間社團，積極與在地旅行業合作，實際去了解對方的需求，進而調整自己的產品服務以符合市場需求。

高雄南臺灣的酷暑，在真愛碼頭玻璃屋辦公室，一面招募人員，一面揮汗趕寫輪船公司營運計劃書，也是對身體與意志力的考驗。而最幸福的時刻，就是忙碌一天後的傍晚時光，夜幕低垂，徐徐海風襲來，在碼頭聽著駐站街頭藝人唱情歌，襯托浪漫的真愛碼頭。聽完浪漫情歌，在打賞箱投遞一百元，沿著五福橋到愛河東岸到西岸，一邊散步，一邊撿垃圾，將高雄的觀光門面擦洗

乾淨。在輪船公司的管轄範圍，一片垃圾，一塊污濁，觀光門面就不透亮。

讓高雄人以高雄港為榮

高雄輪船要從一個地方公共運輸工具，華麗轉身成為南臺灣的國際觀光景點，有可能嗎？試想，到法國的塞納河畔，人們除了逛周邊的博物館、感受左岸右岸散步的浪漫氛圍之外，一定會搭乘觀光遊輪看河畔欣賞羅浮宮、巴黎聖母院、艾菲爾鐵塔、各式美麗橋建築的美；高雄輪船公司就要成為高雄觀光必訪行程的啟動者，讓所有人覺得，來高雄沒有搭船遊愛河、遊高雄港是一項遊程遺珠。

不僅僅是國內外的觀光團體，高雄當地人更是我主要邀請來搭船的對象，例如母親節推出推出「真愛媽咪‧溫馨啟航」優惠活動，吸引高雄在地人前來遨遊港灣。

這個作法是別有深意的，早期的高雄港是被周圍的油品儲槽、貨櫃物流倉封閉起來，在歷任市長推動「港市合一」政策後，真正成為具有親水性港埠觀光價值的城市，但是高雄港周圍被油槽包圍的情況下，高雄人極少會特地搭船從海的另一方看自己的城市，若能邀請高雄人搭船到旗津或高雄港外海，從觀光客的角度看看這座美麗的港埠城市，那將是別具意義的旅行體驗。當高雄人被高雄港、愛河的美景感動，對自己的城市擁有光榮感，他們也會主動去邀請海外朋友來參觀自己的家。能為這個城市的居民創造感動，是高雄輪船公司難以估計的城市價值，也帶給我心中無比的成就感。

當時綠能意識正起步，高雄市長有意推動城市環保建設，但輪船使用的是傳統柴油，不僅油耗費高，長期下來也會對愛河水質產生負擔，而高雄年度日照長的優勢，如果能夠引進亞洲太陽能船入港，不僅載客量倍增，無污染零噪音的太陽能船更將高雄輪船推上為綠能產業，鑒於這些優勢，推動太陽能船入港勢在必行，這

讓高雄市與世界環保接軌，也成爲臺灣獨一無二的觀光亮點。

更值得一提的是，新建造的太陽能船是由高雄應用科技大學在高雄成立的「南部太陽能學校」與靖海造船公司攜手打造，是百分之百臺灣製、高雄製，每艘的動力來源是18片光電太陽能板充電，以及兩組12顆鋰電池蓄電，不僅完全不會釋放污染影響愛河水質，還能比先前的愛之船節省6.7倍的能源支出費用，船體設計平穩，無污染零噪音的太陽能船帶給遊客全新的搭船體驗，是高雄市產學合作的最佳代表作，更是南臺灣的驕傲。

有了這個新亮點之後，國內外旅行社更願意把人帶過來，並藉由臺灣燈會、高雄燈會主題，規劃舉辦各式活動，同時發展港口周邊旅遊，讓來高雄的觀光客搭乘觀光遊輪從哈瑪星到旗津吃海鮮、從眞愛碼頭至旗津航程的高雄港遊覽，也規劃遊港賞花燈航班，更配合煙火施放時間，開闢賞煙火航班，高雄一時間熱鬧而豐富，觀

光客願意在高雄停留的時間也更長了。

　　經過一段時間改革和宣傳之後，到高雄搭愛河賞景漸漸被列入許多遊客和名人必要的觀光行程，許多國內外觀光客來到南臺灣，都會指名到愛河一遊，就連奇美創辦人許文龍先生也特別指定要到愛河遊船，記得那天，這位優雅紳士帶著樂器曼陀林在船上遊愛河，賞景奏曲，如此閒逸浪漫的時刻，我卻是心潮騰湧，想到這家默默無名的船公司一路改革，到今日能讓這位大企業家慕名而來，高雄輪船公司已經達到自己的設定目標。

從自己一手打造成績斐然的華信航空轉任到負債累累的高雄輪船公司，企業的規模有落差，心情亦有起落。離開之前把自己在華信的經營和打拼的心得，寫了一封主旨為「期待再相會」的信給華航董事會和華信全體同仁，並給予祝福。隔天，走進公司大廳，幾位華信員工衝過來抱著我大哭一場，被迫離職的我反而要打起精神安慰他們，佯裝幽默說：「我要到高雄去當船老大了，未來會在高雄守著愛河守著你們。」

很多人都知道蘇東坡這位大文豪出眾的文采；卻很少人提及，他是一位能力相當優異的政務官。平蝗災、治水患，上書改革不合理的賦稅，掘井修渠，最遠被貶到海南島時，也培育了海南第一位進士，而他留下最著名的政績，就是今日位於西湖的蘇堤。蘇東坡令人敬佩的，不僅僅是他的才華和治世之才，還有他在一生顛沛波折中，從未放棄自己的初心，縱使難以在中央施展長才，卻在每一個他到過的地方盡心盡力，造福鄉里。

想到這位文壇天才，再對比自己的微小處境，突然覺得找回自己的初心，豁然開朗。人生都有高低潮，不能因舞台的大小而失去自己應有的心理素質，這才是一場對得起自己的人生舞台展演。

CEO 的話

"Be Yourself " 就是要做你自己！就是要知道你是誰？就是要嚴屬地注視自己；就是要對自己負責；就是要與自己的良知說話。

第二篇

開航闢線

企業經營的目標是創造利潤,而國家發展則是以創造國家永續利益為目標。從企業再度跨回公部門,擔任高雄、臺中觀光局長時,打開兩座城市國際交通管道,讓觀光產業大步邁向國際舞台。

為打破臺灣長期重北輕南的觀光發展,推動旅客南移,將人流遷徙採以分流分源旅遊模式,重建「臺灣國際入境旅客南移」的遷徙版圖。為此走訪國內、外民間與官方單位整合聯盟,更開闢海、空航線,打開臺中與高雄國際大門。

01

前方無路　愚公移山

　　高雄輪船公司階段性發展後，市長再延攬我入市府，擔任縣市合併後首任觀光局長，負責拓展高雄國際行銷及觀光資源整合。這是我在華儲、華信與高雄輪船公司多年官股民營企業後，再度轉回政府公職的一大轉折。同樣的，又是一個不簡單的任務。

　　2010年高雄市縣市合併後面臨觀光業問題叢生：原高雄縣與高雄市城鄉差距大、觀光資源未經整合、縣市交通觀光路徑缺乏完善路網建構、沒有國際觀光亮點、國際航線航班不足等等，內外在觀光環境條件皆不佳，而其中最大的難題是，任職高雄市觀光局局長的第一年，

大陸遊客不來高雄，而他們卻曾經是南臺灣主要觀光客群。所有問題環環相扣，該如何一個一個解決？

據統計數據，2009年外籍旅客來台是440萬人次，陸客為97萬人次占比1/4，曾是陸客來台人數快速攀升期，但怎麼2010年陸客旅遊高雄人次怎麼會大幅下滑？當時陸客不來高雄有兩個因素：因國台辦官員張銘清臺南孔廟跌倒事件，及熱比婭紀錄片播放的政治敏感因素，陸客團遊臺灣時，從臺中、南投到墾丁，直接跳過臺南和高雄，高雄的觀光市場頓時陷入低迷。

就南臺灣旅遊入境市場，陸客占比約近5成，難道高雄只能被動等待大陸市場開放？還是可以去開發其他亞洲旅遊市場呢？思考過後，我認為兩者應該同時並行，當時朝這個方向擬定策略：

1. 加大力道開發中國大陸市場。

2. 開闢東北亞及東南亞旅遊新市場的目標並行。

親自登門引客入高雄

2011年1月,第一站首攻香港,7個月內,帶領高雄觀光產業團隊跑了20場推介會,與中國大陸的國台辦、省台辦、華北、華中、華南民航單位、各省旅行組團社等一一拜會,介紹高雄這座擁有山、海、河川自然景觀,以及閩南、原住民、客家文化人文資源的南臺灣第一大城。期間造訪北京、瀋陽、天津、青島、上海、武漢、重慶、廈門、廣州、南京、揚州、蘇州、杭州等城市,並參加各家組團社聯誼會,與省級城市洽談團、散客與新航點的可能性。

起初,無法預測自己走這幾十場推介會能夠達到什麼成果,經常站一整天、說一整天、走一整天,晚上還得強打精神與當地組團社應酬,隔天一早再趕赴另一個省分。

當時,兩岸直航定期航班,有松山、桃園、臺中、高雄,4座機場,桃園分配到33個城市,高雄小港機場僅

分配到8個城市，南北分配比例明顯不均。我經常自問：
「在開拓的過程中成果不明，局勢究竟何時能打開？」這
個答案沒有人知道，我記得當時常在市議會上被議員質
問：「爲什麼一天到晚跑國外？這樣做會有績效嗎？」答
案在一切的辛苦後，直到2011年陸客來台自由行政策開
放，努力的花朵終於綻開。

有時候我們很確信某些事情值得去努力、值得去執
行，但卻不一定估算得出成果何時會出現。當時被質問
時，我也不知道什麼時候會見到曙光，就算滿腹有理也
說不清，我唯一能確定的是：「不往前去做，就什麼都沒
有。機會不會自己降臨眼前！」

2011年3月，大陸國家旅遊局長邵琪偉率領31省旅遊
局長到台北舉辦推介會，我代表市長盛情邀請他們到高
雄，感受南臺灣的陽光和美景，憑藉著之前到中國大陸
走透透打下的基礎，邵局長一行人浩浩蕩蕩來到高雄，
市府們也給予高規格的接待，這一次雙方建立了共贏互

利的共識，幾個月後，終於一切大翻轉。

2011 年 11 月開始，兩岸航權重新分配，努力爭取到每週唯一一班北京至高雄航線，華信開航高雄至湖南長沙航線，陸續推動馬來西亞航空開闢吉隆坡至高雄、越南航空開闢越南河內至高雄、韓亞航開闢韓國仁川至高雄、日本航空開闢成田至高雄等亞洲航線，到 2012 年，高雄的國際航線從 20 條增加至 32 條，每週航班從 192 班增加到 225 班。國際航線的一一開通，大幅提升了高雄市的國際觀光地位。

開闢一條未知的城市觀光通道，總是要有人帶著愚公移山的精神動起來，證明了「觀光要走，交通先行」、「交通要走，航空先行」。

CEO的話

市場愈競爭，愈要認清自我，愈要堅持自我，愈要創新自我。

02

來自泰國的啟發

　　在高雄、臺中市政府服務期間，多次到各國舉辦觀光推廣活動，推廣城市觀光，同時也把握機會向他國觀光建設取經學習。一次，安排拜訪泰國旅遊局副局長及東南亞司司長，在亞洲觀光大國兩位高階官員面前，我直接提問：「近十年來國際觀光環境變化大，泰國旅遊局觀光策略做了什麼樣的改變？」

分散人流爭取更多入境旅客

　　泰國旅遊局副局長也毫不吝嗇地分享他們的觀光旅遊策略。他表示，早期泰國觀光景區傾向中南部及東部的曼谷、普吉、蘇美等地，旅遊市場過度集中化，長期來看，這對國家觀光發展不是好現象，因此泰國已由集中化改變為分散式策略，將清邁、芭達雅、普吉島和蘇美島、曼谷，作為泰國旅遊北、東、南、中各區發展中心，再擴及各首府及旅遊大城市為主，擴散分布景點吸納入境觀光客。

　　我又好奇了：「泰國地理狹長型，北到南長達 1600 餘公里。入境旅客如何順利北往南返呢？」這時，主管東協國盟觀光合作業務的東南亞司長回答：「東協國家的地理大多是狹長型且島嶼眾多，我們是國際機場和國內機場搭轉，還有鐵道、公路、郵輪遊艇相搭配，建構完整旅遊網絡。」經他一說，我開始思考泰國、越南、印尼、馬來西亞、新加坡等國不斷擴建國際機場以及國內交通

建設，想必也是爲了布局長遠的入境引流，旅客無論從東南西北那個機場入境，都有相應的交通航網、路網讓人流順利移動。

那一次與泰國旅遊部門高層談話後，給了我重要的啓發；臺灣的國際入境客向來以「北進北出」的旅遊模式也需要改變，以分散分流方式轉移至中、南部縣市，才能將觀光經濟效益從集中北部，擴散至臺灣各地。

城市 CEO 的眼界　要看到問題更要看到未來

從泰國回來後，細思許久，多年來臺灣的觀光發展是呈現集中化的狀態，反應出兩大隱憂：

1.一線機場無法舒緩 區域經濟觀光發展將不均

機場建設著重國際機場旅遊發展，入境旅客多往北流，這會使得觀光效益無法分流入其他地方發展，長期便會造成城鄉差距越來越大。

2. 僵化旅遊型態 旅客重遊意願降低

重複性的旅遊商品無法促使入境觀光客再次買單，旅遊行程也一樣，僵化的旅遊型態無法讓旅客體驗不同的觀光經驗，久而久之客群就會轉往他國。

改變臺灣旅遊模式，疏緩一線機場和提高區域多元觀光體驗需同時並行。這和企業經營邏輯相同，我們不可能長期放任資源分配不均，產品線單一，日積月累只會造成企業體質發育不良，產品再無法吸引消費者，落得被市場淘汰的命運。CEO要看要做的是，為5年、10年後的新興市場做準備，而「分源分流」是臺灣觀光勢在必行的城市發展策略。

CEO的話

CEO要做的是，爲5年、10年後的新興市場做準備。

03

為城市開航

　　2016年，在臺中踩舞祭慶功宴上，當時的臺中市副市長林陵三先生致詞時，當著日本貴賓及中外媒體面前說道：「我們臺中這位觀光旅遊局局長陳盛山先生，過去在我擔任交通部長時是我的辦公室主任，當時我都看不出這個年輕人有這麼大本事，如今卻能一座座城市開闢國際航線，串聯與國外的城市交流，換作我在交通部長的位置上，都不一定做得到這些事⋯⋯」這是老長官的謙虛，也是對我莫大的鼓勵。

友人說：「你只是一個二線城市的觀光局長，開航線跟你有什麼關係？」

「沒有航線，亞洲旅行社的團散入境客就進不來。」這是我常掛在嘴上的一句話，「要創造出城市經濟效益和商機，就要能夠在空中造橋鋪路。」

當仁不讓

因受泰國觀光分流政策啓發，我確信只有外籍飛機進入，才能爲城市帶來龐大的旅遊經濟，因此積極透過藍、綠立法委員向交通部長傳達臺灣入境分流的必要性，並明確提出：「可請交通部和民航局協調外籍航空，將航線航班移往臺中、高雄機場起降，讓國際航空公司的國際線新航點選擇中、南部機場。」

多次探詢後，這位交通部長回覆了：「這是市場機制，不宜干預。」

當然，我並沒有因爲一次的否決而放棄，持續向幾位立法委員說明：「交通部及民航局的行政協調，透過行使政府政策工具，如：爲鼓勵外籍航空往中南部機場起降，可以降低機場落地費、空橋費、場站辦公室租金等。」尤其對廉航航線提供其他機場起降選擇，也能夠符合旅客多元需求的市場機制。

　　又等了一陣子，仍無音訊。我長期研究航運管理，又是曾任交通部部長辦公室主任，民航局能推動的政策措施，我很清楚，心中明瞭這位後來升任院長級的交通部長是「不爲也，非不能也」。

　　憑藉著過去在產、官、學界，累積陸、海、空三大交通營運資歷，我比任何人都明白，國際航空入境「分流分源」對臺灣觀光發展是至關重要的政策，作爲公部門，怎能一句「市場機制」而已。施行臺灣入境「分流分源」策略，宛如攀登一座高山之巔，但過去經驗累積，我腦海裡早有具體且明確的執行計劃。

國際觀光出入境旅遊模式

北進北出

中進中出

南進南出

北進南出

南進北出

臺北

桃園

臺中

高雄

入境旅遊模式分流分源

以中進中出＋南進南出推動臺灣入境旅客南移，並透過北中南
區域整合，結合旅遊產業鏈，全面提升亞洲國際入境人次。

CEO的話

CEO必須要有一個觀念，就是公司經營是要像雜貨店型、大賣場型、還是百貨公司型；公司型態與模式的選擇，將影響到公司經營策略的選定。

謀定而後動

啓動臺灣入境分流至中、南部,首先要讓外籍航空公司看見這個城市競爭力,看見旅遊市場。但是單單一個高雄、臺中,旅遊資源規模遠遠不足。

日本著名企業家稻盛和夫曾提出「阿米巴組織經營理論」,其作法是將龐大企業組織分成各個小單位,並將經營權和管理權下放給各單位,讓各下層單位靈活經營並創造的利潤,再將成果回歸到母公司的利潤中心制。以此打造出「京都陶瓷株式會社」以及「第二電電」兩大名列世界五百強的事業體系,以及「日本航空」再生。

我想著,如果將一個城市的觀光產業視為企業各個營利單位,若能以區域經濟整合的概念,將中、南部未經整合的觀光資源分門別類、整合,再重新包裝推到國際市場上,有機會走出一番新的局面。

也就是說，我要將「阿米巴經營理論」反過來做，將區域觀光產業資源進行公部門與私部門企業資源盤點，讓分散的產業先分工、再整合。反覆思量後，「南進南出、「中進中出」的區域整合概念，開始在腦海醞釀成形。

　　所謂的區域經濟整合，是涵蓋經濟、工業、交通、觀光、物流系統及通路流動範圍，創造城市經濟。既然單一城市無法成為吸引外籍航空與旅客的誘因，那麼，南臺灣區域城市，或中臺灣區域城市，若能夠合作組成觀光聯盟，那麼其旅遊經濟規模就不可同日而語了。

　　沉澱幾日後，我改變作為，決定以「愚公移山」精神，開啟亞洲巡旅，為臺灣進行一場實驗性的國際入境「分流分源」旅遊模式，也是重建「臺灣國際入境旅客南移」的遷徙版圖。

把餅做大 擴大利潤規模

在沒有中央的帶領下，誰願意聽你一個城市政務官談區域整合，分流分源呢？對他們有什麼好處？

沒錯，我就是要談「好處」。

促成合作的第一要素是「誘之以利」，首先要讓官方與民間看到彼此擁有的優勢，接著再談合作願景，讓眾人明白唯有把餅做大，才能讓國際觀光市場看見我們的優勢。首先，從盤點資源、傳達合作理念、區域結盟將臺灣國內市場做大，再去談國際結盟、啟動城市對飛，每一步棋，都要有計畫、有階段的進行。

以中臺灣為例，我告訴地方政府和觀光業者們：
「每次我問外國人：『Do you know Taichung？』
最常聽見的回答是：『Yes，sun moon lake！』
『但是，日月潭並不在臺中啊！』

階段性區域整合步驟

找出城市與區域中，可以作為國際旅遊目的地觀光商品，歸納出國際觀光行銷景點。

結合區域聯盟觀光資源，行銷國際。完善路網交通串聯，提高旅客食宿交通便利性。

開闢航線，邀請外籍飛機飛進高雄、臺中，引入國際人流。首都機場至一、二線機場

傳達理念
合作是關鍵

國際結盟

盤點資源

區域結盟

城市對飛

走訪官方與民間企業，傳達結盟整合理念，讓各產業原本單兵作戰的模式，組成觀光聯盟共同行銷。

串聯姊妹市，國際觀光區域聯盟對接，姊妹機場對接國際結盟，加深國際交流與互動。

過去，臺灣中部除了日月潭和阿里山，國外旅客似乎就不知道還有哪些觀光景點，但實際盤點中臺灣旅遊景點，中臺灣是一個包括自然生態、古蹟巡禮、人文探索等多樣風貌的旅遊目的地。若能將分散各縣市的資源聚集起來，中臺灣的觀光亮點其實相當令人驚艷。

　　為區域觀光結盟，首站拜訪中部7縣市首長，再展示出一張目標藍圖，詳細說明中臺灣區域整合策略，拜訪中部7縣市首長，我就說明7次；拜訪中部數十個觀光公協會，我又說了數十次。我心中深知，想要整合中臺灣觀光資源，就一定要促成中部7縣市結盟合作，然而，中部7縣市藍綠執政交錯，民間產業各自運行，「合作」是促成聯盟的關鍵第一步，這一步沒做好，後面就別談了。

　　7縣市想法意見分歧，有沒有可能成不了局？要如何讓大家明確知道區域整合的理念？讓大家相信必須藉由大家的整合，縣市結盟才能促成國際旅遊商品行銷世界。只有一次又一次的說明，才能讓大家預見未來4年，甚至

10年的觀光發展。

　　第一階段先以「旅遊模式」向縣市官方和觀光產業說明，如何將北臺灣國際入境人流比重，導引入中、南臺灣。以臺中為例，要充分運用臺中的雙港-臺中機場、臺中港地緣優勢，開闢空海航網航班，才能將國際旅客引流進中臺灣區域旅遊，食宿遊購行的消費市場。

　　第二階段再以「區域經濟整合模式」為主題進行說明會，以自行車產業界、花卉業、中部物流業、各區扶輪社社團為主。

　　我的核心策略是「中進中出」，以透過臺中國際機場為人流物流進出口，以距離臺灣3-5小時航程的亞洲城市為目標，開闢新航線，引客引流進入臺中市，再將人流分流其他6個縣市，進行中臺灣旅遊跟觀光消費。

中進中出中臺灣整合藍圖（2015年）

空港
臺中國際機場

海港
臺中港

中彰投苗4縣市區域合作平台
中臺灣7縣市觀光區域聯盟
臺中智慧機械產業聚落

| 臺中港 | 臺中國際機場 |

人從雙港入
貨從雙港出

中進中出

區域主義
政治主張
觀光政策
產業通道
國際接軌

| 貨 | 產 | 人 | 陸 | 海 | 空 |

貨

海
貨櫃散裝

空
自行車、花卉、蔬果、簡易物流

產

航太產業、工具機暨機械零組件
木工機械手工具
光電面板產業、自行車及零組件

人

國際入境及出境通路接軌
123級產業觀光資源整合
辦理國際性活動、姊妹市締結
城市觀光合作、中臺灣7縣市區域聯盟

陸

捷運輕軌串聯都心
高鐵─市區、機場─市區
大臺中山手線
港口─市區

海

增設國際觀光水域碼頭
海港埠招商
定期郵輪及渡輪
亞洲郵輪經濟圈

空

拓展國際航班
中進中出旅遊模式
亞洲一日生活圈
2035航空城計畫

初期進行一系列觀光產業說明會時，業者們與部分官員聽得懵懵懂懂，有人直接問：「我聽不太懂局長在說什麼？」，私下也有人說：「這個政務官在畫大餅啦！」、「四年官兩年滿，哪做得了這些事？」甚至還有同僚勸說：「局長，你講到業界都聽得懂，你都要卸任了。」一桶桶冷水、冰水澆過來，從來沒有澆熄過我的信念。

　　決心要為臺灣進行觀光分流分源時，就已經知道這是一條孤獨且艱難的路。我唯一要做的，就是用行動證明國際旅客入境「分流分源」策略這條路是對的。

　　最初邀請觀光業業者與臺中市觀光旅遊局一同展開亞洲城市行銷計劃，前往香港舉辦旅遊行銷活動，報名業者不超過10人，戰力相當單薄；但為了搶攻香港市場，我號召中台灣觀光業者，連續去了10次香港進行市場行銷，拜會香港航空公司、郵輪航商、旅行社董事長總經理、控線主管，不僅在飯店舉辦活動，還跑到戶外主題行銷（road show），為行銷臺中花博，將臺中知名的火

鍋、糕餅商及觀光業者一同帶去，讓國際看到臺中的美食、糕餅DIY、自行車、卡丁車賽等等多元的主題。行銷香港時，除了安排在地媒體報導，更在香港著名的叮叮車車身，設計彩繪廣告，讓花博意象隨著叮叮車穿梭香港各大區域。在參與活動過程時，臺中觀光業者跟我說：「我們不知道海外行銷，可以這樣做」、「局長，跟你出國真的是分分秒秒都在打仗。」

在首次參與海外行銷業者們的口耳相傳下，民間業者開始互相告知「這個局長是玩真的」，接下來，韓國首爾、日本東京名古屋大阪、新加坡、馬來西亞吉隆坡、泰國曼谷、越南河內胡志明市等，參與海外行銷活動業者持續增加，從原本不到10人，增加到超過60多人。

愚公移山是一塊石頭一塊石頭的搬開，是聚沙成塔，一點一滴將中臺灣分散的觀光資源匯聚成不容忽視的觀光亮點。情勢開了，外籍航空班機進來、郵輪包船進來、國外觀光客進來、亞洲旅行社以「中進中出」區域

旅遊模式規劃行程，帶入大量人流，這樣的光景，上任後時間已過一年半了。

成績一步一步堆積出來後，官方、民間對於結盟合作的理念，越來越有共識，屬於縣市官方單位的「中臺灣觀光聯盟」從最初加入的臺中、彰化、南投、苗栗4縣市，再加入雲林縣、嘉義縣市，成為一個擁有超過700萬人口的旅遊目的地區域。

2016年，由中彰苗投雲嘉嘉所組成的「中臺灣觀光推動委員會」，於日本名古屋與日本昇龍道締結「觀光友好交流備忘錄」，象徵日本中部廣域地區2,300萬人口與中臺灣700萬人口的觀光大結盟。展開臺灣中部與日本中部，跨國區域聯盟對接，中臺灣觀光版圖，在亞洲能見度被看見。

將中臺灣推向國際，日本是我首次想要促成合作對接的國家。由日本中部 12 個縣市共同成立的觀光聯盟，稱為「昇龍道」^註，是亞洲地區區域聯盟最多縣市觀光團體；而擁有 7 縣市的「中臺灣觀光聯盟」則是臺灣最多縣市結盟觀光團體，當時在促成結盟時，我對日方單位表示：「We Connect Japan heart with Taiwan heart.」促成臺日兩方最大的觀光聯盟對接，接下來便是透過雙方往來的食宿遊購行，將觀光大餅作大。

註：「昇龍道」
指由日本政府與民間合作，將日本中部與北陸轄下共 9 縣（富山、石川、福井、長野、岐阜、靜岡、愛知、三重、滋賀）3 市（名古屋市、靜岡市、濱松市）結盟以提升知名度，吸引海外赴日旅遊的觀光計畫。因日本中部北陸的形狀在地圖上看來，恰似盤旋飛舞的一條飛龍，因而取名為「昇龍道」。

日本中部廣域觀光推進協議會　　　中臺灣觀光聯盟

長野縣
富山縣
石川縣
福井縣
滋賀縣
三重縣
靜岡縣
靜岡市
岐阜縣
濱松市
愛知縣
名古屋市

苗栗縣
臺中市
彰化縣
南投縣
雲林縣
嘉義縣、市

臺日兩方最大觀光聯盟對接，雙方建立更緊密的合作關係，
共同促進兩國中部中心地區觀光發展。

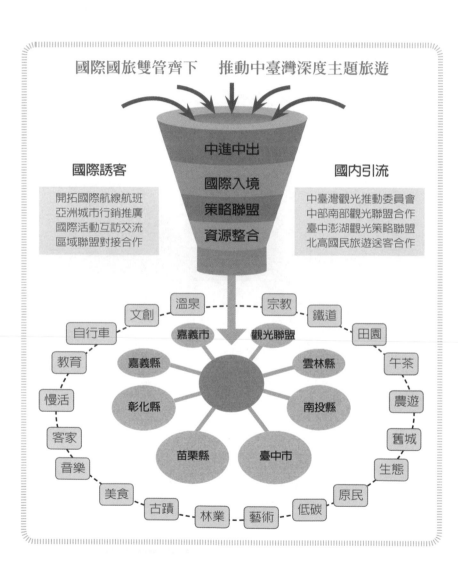

開闢航線

對一家航空公司 CEO 來說，開航線一點都不難，但作為一個地方觀光局長，想要打開一條新航線著實不易。

首先，一座城市得有足夠的觀光市場規模，才能吸引航空公司願意飛進這座城市。其次，必須找來外籍飛機，因為目的是把國外觀光客載進國內城市，擁有入境旅客才能真正為城市帶來觀光效益。然而，在沒有中央政策支援的情況下，身為一個地方城市觀光局局長，勝算有多少呢？

日本人有句話「一生懸命（いっしょけんめい）」指的是為了一個信念，竭盡所能去完成一件事，成功機率多大，在於我能否專注並且堅持走每一步。

為使「北進北出」旅遊模式轉變為「中進中出」「南進南出」旅遊移動模式，我在服務兩大都會城市時間，

運用跨域的縣市聯盟擴大城市競爭力，以此吸引外籍航空，2011年從高雄上通臺南下連屏東，橫向串聯花東，約550萬人口；2014年從臺中串聯苗、彰、投、雲、嘉、嘉，超過700萬人口，打造龐大臺灣旅遊目的地，提供外籍航空入境最強誘因。

接下來，就是向一家一家外籍航空公司經營團隊洽談說明，這也是我常說「一家航空公司董總要開闢一條新航線，易；一個地方政府的觀光局長，要說動外籍航空開闢一條新航線，難」。在與亞洲地區的航空公司董總及經營團隊洽談開航前，要準備的功課很多。除了準備好自己城市優勢，更要事先研究拜訪航空公司資料，先判斷現階段開闢臺中、高雄機場航線的可能性，及未來2–3年開航機會。

開航考量分析

1、大型航空（FSC)和廉航（LCC)。

2、本國籍及外國籍航空公司。

3、經營包機/不定期包機/定期包機/定期航線。

4、短、中、長線航網。

5、出境/入境航線航班。

6、首都、一級、二級、三級機場城市航線。

7、機隊數、機型、適航運能。

8、航空公司航權、航點選擇、航班週次、時間帶、夏冬季班表。

9、營運模式及營運成本。

10、進出航班搭載率及團散客市場比例。

任職兩都觀光局長期間，共計拜訪超過30家以上的大型航空及廉價航空的CEO，爭取新航線。開拓首爾仁川、釜山、大阪、東京成田、名古屋、青森、鳥取、大分、長崎、曼谷、河內、胡志明市、澳門、吉隆坡，以及兩岸航線北京、廣州、上海、天津、成都、瀋陽、武漢、杭州、無錫、寧波等新航點，實踐對各縣市觀光產業與官方的承諾，使南臺灣、中臺灣與亞洲城市直接對飛，引入客流。

　　爭取到的新航班航點，為高雄一年大幅提升114萬人次入境旅客，國際觀光飯店住宿人數成長45%；為臺中開拓的18個新航點，使旅客在兩年內提升100萬人次。也是在這時候，被業界賦予「開航之神」的稱號，而這兩個策略，也將高雄、臺中徹底翻轉成國際觀光城市。

時光回到 2023 年 7 月，臺中國際機場整建完工記者會上，行政院長陳建仁提及，中部有大量精密機械工業，「中進中出」將是未來推動計畫。

我在臺中市政府任職期間，為推動臺灣觀光分源分流，於 2015 年起規劃「中進中出」城市發展目標，四處演講，頻赴亞洲各國開闢入境航線航班，闡述區域發展從雙港進出，人流、物流、觀光流要走向中臺灣區域整合，這是臺灣北、中、南、東區域經濟整合發展必走之路。提倡區域「中進中出」戰略的 8 年後，終於有位最高行政首長看清楚這個趨勢。

一個好商品要賣出去，消費者購買的方便性是首要關鍵，你必須建立良好的供需渠道，才能讓消費者接觸道你的商品；一座城市要讓人家進來旅遊，也必須建構良好的交通渠道，才能引進人流。

「對外若無法和世界旅遊軌道連結，我們就永遠只能是一個小鄉鎮。」這也是我一直對觀光產業傳達的

觀念，不管這座城市裡的人文史地資源多麼豐富，
沒有良好的交通渠道，發展終究有限。

CEO的話

改革的工作很辛苦、很痛苦；每個人都期待改革後
的成果，卻不願意成為被改革的對象。當每個人只
重視「我」的既得利益，這種變革是註定要失敗。
改革過程只有大我，沒有小我。

04

高明的談判
不從利益著手

　　在開拓航線，對接城市國際合作時，論城市規模與人口數量，高雄、臺中與其他亞洲一線城市比較，多半弱勢，因此在談判接洽過程中，如果讓對方只看到眼前的「利益」擺優先，關注雙方條件是否對等，合作深度肯定會被侷限，必須幫助他把眼界拉高，縱深拉長，找出共同利益及核心價值，才能打開友好大門。

讓合作方看到自己的高度

2012年任職高雄市觀光局長的第三年，自己身體因過度勞累頻頻出狀況，多次向市長提出請辭，離職申請才批准下來的前一週，我跑去市長辦公室跟市長說：

「市長，可以麻煩將離職時間再延後一週嗎？」

「不是身體不好了嗎？為什麼要再延一週？」

「您再給我一週時間，再幫高雄開一條新航線。」

幾天之後，飛往韓國釜山，去拜訪釜山航空總裁。

想開闢高雄市和釜山市航線的原因很單純：這兩個國際港埠城市，自1996年已締結姊妹市，但16年來，由於沒有飛機直航，以及定期航線、航班，兩個城市鮮少來往，這對兩個大城市發展非常可惜，我原本就一直在尋找合適的外籍航空公司，而韓亞航空子公司釜山航空，就是兩個城市交通串連的最佳角色。

出發之前，對方告知，他們總裁行程忙碌，可能只能給「30分鐘」的時間，心想：「我要跟你談的，是開航線這種大規模的案子，30分鐘分明是給我一根軟釘子」這代表，對方對我的提議意願不高，但又要賣這個臺灣官員一個面子，30分鐘能做什麼呢？自我介紹後寒暄幾句，喝杯咖啡時間就結束了。

拜訪航空公司CEO時間緊湊，為了力求會面後的收穫，事前的準備工作極為重要，每每出訪，我務必會仔細研究該公司全面訊息，包含三年內的營運財報、機隊總運能、引進甚麼新飛機、開闢了哪些通航城市、搭載率、有沒有開新航線的可能性、機隊最大運能等等，一場有意義的拜訪和會面，必須要知己知彼，才有自信拎著包包拜訪外籍航空公司董事長和經營團隊。

拜會前一天，我在飯店再次研究會談資料，將釜山航空有幾架飛機、各飛哪條航線航點、有多少飛機運能可以調度，研究得一清二楚。當日由臺灣駐韓國釜山辦事

處總領事羅添宏先生同行，自我介紹簡短寒暄後，我主動切入主題：

「總裁，我過去也擔任過和您一樣的位置，我們身為航空公司董事長的問題只有兩個問題，一個是太多飛機不知道往哪飛？一個是太少飛機不知道該怎麼飛？」說完這句話，這位金秀天總裁豎起耳朵，想聽聽一位具備航空公司董座背景的觀光局長是如何看釜山航空。

我清楚告訴對方，自己研究了釜山航空所有的機隊，計算過應該還有航空運能能夠飛姊妹市高雄，交談中他表示：「我們的確還有多餘運能，目前還在思考先飛臺灣高雄，還是山東青島之間猶豫。」我一聽，心想：「這已經是對我掀底牌了。」

如果與2011年青島市900萬人次相比，高雄市277萬人次顯然差了一大截，一定要提出在利益上更高層次的誘因，我把握機會切入重點：「您知道為什麼我極力想促

成釜山市跟高雄市直航嗎？釜山和高雄這對結交了16年的姊妹市，一直沒有飛機直航，能夠促成這件事情，串起兩個城市的交流發展上，是很有意義的事情。」這句話又讓金總裁精神一振。

再繼續提出優勢條件，我告訴他：「如果釜山航空的飛機能夠成為兩個城市往返的第一架飛機，我可以協助釜山航空進高雄機場的作業流程，包含起降時間帶、地勤作業安排、旅客接駁交通等等，讓乘客一路從機場順暢進入市區。釜山航空將促使雙方城市進行更實質交流，我們還希望在首航時，讓兩城市市長搭乘釜山航空互相訪問，做為姊妹市締結16年的歷史紀念，而釜山航空就是促成這個城市交流最重要的角色。」聽完我一番慷慨激昂的說明，釜山航空金總裁這才慎重允諾，相談甚歡之下，他也忘記了原本只給我30分鐘的時間，與我談了近3個小時。

釜山航空在2013年12月，正式啟航高雄。

台下筆記

做行銷或談判講求的是市場供需理論，不能不管外面的需求是什麼，一昧提出自己的東西，吹噓自己有多好，到最後都只會淪於自說自話。如果一開始就能從對方的「需求」著手，後面的成交就能不費吹灰之力。值得注意的是，人類的需求還有一個特性，就是滿足一步就想再進一步，只要比對方提前想到他的需求和解決方式，你就很有機會成功。所以，想要別人對你的提議 say yes，就要比對方先看到他的需求，並且比他先想到方法，解決這個未來市場需求。

用專業 解除對方的猶豫

在爭取韓國仁川機場與臺中機場對飛時，拜會了大韓航空社長，社長了解來意後，首先問我：「臺灣臺中機場與亞洲哪幾個主要城市機場對飛？」而對方一聽臺灣臺中市是二線機場，便很坦白地告訴我們：「大韓航空不可能飛臺中。」

當下我並不驚訝，因為出發前研究資料時，我已經預料大韓航空不會是我的城市對飛對象，由於大韓航空是南韓最大的航空公司，飛航城市皆以全球首都機場這種國際第一線城市為主，臺中的城市規模很難成為他們的目標；然而，我心中其實另有選項，我問社長：「大韓航空旗下還有一家子公司真航空（JIN AIR）對嗎？」

真航空是大韓航空旗下的全資子公司，為韓國的廉價航空。在大韓航空社引薦下，我很快與真航空總裁見面，說明開航計畫，真航空旗下有一個掛名贊助的國家

電競隊伍JAG戰隊，我告訴對方一旦仁川與臺中航線確定開航，我會安排真航空首航當日，邀請臺中電競團隊與其進行首航電競PK賽，藉此打造開航的新聞話題，總裁非常喜歡這個構想，歡喜地承諾會將臺中納為新航點的首要考慮。

和真航空總裁也是一段相談甚歡的過程，原本他只給我一個小時的會談時間，結果也因為我對韓國航空市場的了解，便與我聊了一個下午。但是，等待一個月之後，收到的訊息卻是對方捨棄了臺中機場。這也讓我得到一個教訓，無論是國家之間的協議，或企業間的談判，在沒有簽約之前，都不能過早下定論。

這個決策大轉彎，可謂是「煮熟的飛機飛走了」，雖然心情一度失落，但看著桌上一疊資料，我知道自己並不是沒有機會，隔天又立即連繫上韓國廉航德威航空（T'way AIR），敲定時間又立即出發，飛往韓國仁川。

那日，會議上除了德威航空鄭鴻根總裁，還有 7、8 個高階主管參與會議，整個會議過程氣氛很好，大家說話客客氣氣的，但講了一個鐘頭也沒談到德威航空接下來新關航點，是否有計劃直飛臺中機場呢？時間一分一秒過去，感覺接下來伴手禮送一送就要結束了；中場休息時，我不斷思索突破點，在這次會議中，我感受到德威航空上下很專注在聽取簡報，並非客套拖延，我猜想他們還需要更多的時間，去評估亞洲其他機場城市。

　　會議中場休息時間，與臺中幾位業者一起到外頭廊下抽菸，恰好遇到鄭總裁也在那邊，我利用這一根菸的時間，直接與他簡短談話，口氣篤定地對他說：「Chairman Cheng, I make sure you definitely fly from Seoul to Taichung, I invite you to Taichung.」他終於鬆口對我說，他們正在考慮飛臺灣，只是還在評估飛臺中機場還是高雄機場？鄭總裁私下說：「沒料到臺中會有人來對他做出這麼詳細的簡報，包括德威機隊、時間帶、設施和地勤地服代理問題。」

得知對方的想法與疑慮，我立刻提出解決方案，告訴他：「航線開闢，可以是二選一，也可以是多選題的，不一定要在臺中和高雄二選一，也可以一、三、五飛臺中，二、四、六飛高雄，這麼一來，搭乘德威航空的自由行旅客就有更多選擇，旅行臺灣可以透過臺灣高速鐵路，在兩地串接旅遊，進出可以『中進南出』，或『南進中出』，旅遊行程更加彈性而多元。」

　　這項打破框架的飛航安排計畫，讓鄭總裁眼睛一亮，他當即表示感受到我們的誠意，所以很願意認真思考此項建議。在我的力邀下，一個月後來他親自來臺中考察，除了德威航空臺灣區主管陪同，並指定我帶他們參觀臺中機場、旅遊景點及交通路網動線。

　　2017年12月15日首航，韓國仁川機場與臺中機場展開正式直航，一週4班航次。

　　任職臺中觀光旅遊局局長4年內，我們成功邀請了亞洲

5家廉價航空進駐定期航線，增加12個航點，與2015年相比，2017年增加了100萬人次外籍客源入境，爲臺中國際機場航線開展新局。

實力懸殊時 讓意義大於利益

在學校授課時，我常被問到「實力懸殊時，怎麼進行談判？」這個問題可以用臺中機場名古屋機場締結姊妹機場作爲例子。

2016年3月，臺灣「中臺灣觀光推動委員會」與日本「中部廣域觀光推進協議會」（昇龍道）在日本名古屋簽訂「觀光友好交流備忘錄」，這顯示兩國兩個地區在觀光交流互惠上將更緊密合作，未來雙方的商務與觀光人流進出也會越趨頻繁。在彼此緊密的互動中，感覺還差了臨門一腳，少了什麼？那便是臺灣和日本地理位置居中的中部機場對接，進一步要促成「締結姊妹機場」。有這

個想法後，立刻著手幫臺中機場牽紅線，為此，特將日本中部國際機場^註研究一番。

當時的日本中部國際機場，唯一與歐洲已達4,000萬人次客運量的德國慕尼黑國際機場締結姊妹機場，那麼，臺中這樣一個客運量僅240萬人次的機場，如何與之匹配？

再者，論機場規模和客貨運吞吐量，我們就像是一個窮小子要去高攀大戶千金，首先，日本中部國際機場是日本中部及北陸區12縣市的重要國際機場總和，合計總人口數超過2,300萬人以上；再來看看臺中，臺中市及中臺灣7縣市總人口700萬人，人口數不到對方的三分之一。彼此對應實力差距大，想要交涉合作，要如何切入？

註：日本中部國際機場位於愛知縣常滑市，眾所皆知的日本招財貓偶的故鄉，後正式啟用為日本中部國際機場NGO後，到2016年客運量已達1,200萬人次，貨運量達20萬公噸。該機場的設計規劃就像一座主題公園娛樂機場，有首架波音787實體飛機展示館，購物、美食、運動、溫泉、花園休憩中心一應俱全，整座機場猶如一座城市的消費購物商城。

用機場規模去談一定碰壁，在我過去多年從事城市交流的經驗，雙方要簽署城市及觀光合作備忘錄的前提，是以城市發展規模對等為主要考量，但也有例外，例如：

- 臺中市與日本愛媛縣成為姊妹市，因彼此皆致力推廣自行車運動而城市交流。
- 臺中市與青森縣及平川市交流，因中臺灣燈會和睡魔祭而結緣。

所以只要找到雙方共同點，從意義大於利益切入，日本中部國際機場與臺中機場一樣有機會可以對接交流。

當實力相差懸殊時，從合作意義方向著手，另與主事者直接溝通談判也會是關鍵的臨門一腳，行前一定要做足研究功課，不對稱資訊，很容易會讓整個布局功虧一簣。

在與日本中部國際機場株式會社長友添雅直會談前，特別研究了這位主事者，他是豐田汽車株式會社高管駐派中部國際機場代表理事長(2015-2019)，連續多年獲

SKYTRAX國際機場評比「全球最佳地區機場獎」，是一位績效卓越的國際機場CEO，要與這樣國際經驗豐富的人物對談，格局與思慮務必周全。

以區域城市交流主題切入，傳達台、日地理中心城市和機場「HEART TO HEART OF CONNECTION」概念，既然臺灣中部地區已經和日本昇龍道簽署觀光合作協議，雙方可以再進一步合作共同推開國際機場大門，成為兩國城市交流史上的關鍵角色，友添社長欣然接受這項觀點，當他同意雙方國際機場簽署姊妹機場後，我立刻將這項訊息，回報交通部民航局及臺中國際機場站主任，安排後續交流合作事宜。

2017年4月雙方交流協定滿一週年慶，臺中國際機場與日本中部國際機場締結為姊妹機場，成為日本中部國際機場在亞洲的第一個姊妹機場，正式打開了臺日中部地區交流大門。

05

最困難的階段是 0-1

　　人生計畫與城市大未來一樣，型塑設計和規劃，到逐步實踐，都是從0到1再從1到2，逐步往前，而從0到1，也就是從無到有的階段，往往是艱辛難走的路，當我們起心動念要開始進行一件事情，從思考、探索、規劃、步驟、藍圖、決策、執行、成效、反饋、再邁進，這當中的阻礙，包括對未知的擔憂、自我思緒不定，心魔拉扯和來自外界的摻雜聲音；一旦衝破重重的難關，看到眼前藍天曙光的那一剎那，所創造的價值與意義，是1到100這個階段所無法比擬的體悟。

將臺灣自行車騎向國際

中臺灣集結了優秀自行車零組件商，不僅有捷安特、美利達等全球知名自行車廠牌，還有世界大廠在臺灣中部地區的自行車零組件工廠即占全台8成，這個自行車產業聚落的龐大資源，卻未將它與城市國際化連結，因此我決定將兩輪「自行車」賦予「城市觀光大使」的角色，開始規劃將自行車騎向國際。

當時，中部地區能滿足自行車愛好者的道路規劃，仍是百廢待舉，臺中縣市未合併前，境內自行車道路網和設備多是片段和零星分布，它缺乏整體縣市路網的縫合計畫，如告示牌、人車分流、路網串連等工程，都無法為愛好自行車的遊客提供最佳的自行車友善環境。

初次在臺中自行車產業主們面前，簡報完我的自行車國際觀光策略後，捷安特創辦人劉金標與大甲區自行車零組件廠老闆，說了一句話：「沒有一位官員來簡報過自

行車城市國際化議題，原來自行車產業能與國際觀光整合行銷，推動自行車城市交流。」

　　有了多位業界大老的支持，打造自行車友善城市的承諾，在一步步的努力中，一一落實。

中部自行車觀光國際化策略

1. 將臺中自行車節及零組件銷售會合一，列入交通部觀光局國際自行車節的全國性活動。
2. 年度國際自行車零組件展銷會，市府提供外籍採購商，相關的城市旅遊套裝行程。
3. 4年完成原臺中縣市自行車路網縫合計畫路線圖，及整合中臺灣縣市自行車路網至環臺自行車路網。
4. 拜會捷安特創辦人劉金標，以及臺中自行車廠商負責人，簡報「中臺灣自行車觀光國際化」，及自行車路網縫合路線圖。
5. 組團至日本進行自行車城市交流。
6. 建立締結與日本自行車運動城市的姊妹市交流合作關係。
7. 臺日韓共同合辦亞洲自行車騎乘全臺賽。

兌現承諾才是真正挑戰的開始，整合自行車路網是推動自行車觀光的第一步，然而，各地方單位的建設早有安排，要合力縫補中部自行車道，必須要更動建設計畫，調整預算與工程進度，這是非常浩大的工程，我走訪各地鄉鎮區單位，一一說服中部各縣市市府各單位，將預算資源分配至自行車道的整建，說實話，串聯國內交通的難度與開闢國際航線的難度不相上下！

　　幸運的是，隨著中臺灣觀光聯盟啟動，各地區從密切交流到逐步累積信任，中臺灣破碎的自行車道被一條條縫合，成為跨區自行車道網絡，短短4年期間，大臺中的自行車道路網新增出207.59公里^註。在此期間，臺中市府首次於2016年主辦「OK臺灣‧臺中自行車嘉年華」，成為了每年十月臺中的運動觀光盛事。

註：「大臺中自行車道路網2015～2018年建置計畫」正式啟動後，藉由一系列的自行車路網建置工程，不僅串聯出大臺中自行車路網，更向北延伸苗栗、南接彰化、南投，勾勒出完善的中臺灣4縣市自行車路網。

「OK臺灣‧臺中自行車嘉年華」除了舉辦單車挑戰賽，並和單車產業合作野餐嘉年華、親子單車趣味等活動，在這期間內臺中聚集了國內外愛好自行車活動的專業、業餘好手。整個活動期間，選手不會一天到晚都在騎車，他們要吃飯、泡湯、睡覺、按摩，這些都是自行車嘉年華能夠帶給當地商家的觀光效益，最重要的是，這些來自各國的車手們回國之前，還可以直接在臺中的自行車製造商採購單車零組件，結帳後可以透過國際宅配到家，為屬於第二產業製造業者帶來觀光效益。

2018年9月29～30登場的「OK臺灣‧臺中自行車嘉年華」，被交通部觀光局「2018臺灣自行車節」列為四大主軸活動之一。在國際上，自行車也成為臺中前進國際宣傳的重要載具，不論日、韓、港、澳等國際城市，我們都組團帶著自行車業者前去亞洲宣傳，與大分、廣島、愛媛等友好城市進行跳島單車外交，並簽署「促進自行車旅遊及觀光友好交流協定」，多次舉辦鳥取縣、長野縣、大分縣、三重縣、青森縣、岩手縣及茨城縣等各

縣市至臺中旅遊踩線及自行車觀光交流。

印象最深刻的是，2017年與臺中市副市長親率前往大分縣、愛媛縣、廣島縣進行100公里輕騎。在瀨戶內海島波海道騎乘的景象和感受，至今還深深烙印在我心中，當時抬頭是碧海藍天的迷人景緻，低頭卻感覺自己的車輪怎麼就跟馬路黏在一起，完全動彈不得，當下我的腿已經累到使不上一點力氣，但停下來牽車又太沒面子，只能靠著意志力苦撐，記得當時同行的業者跟我說：「局長，你就騎一段，搭一段車就好，不必全程都騎太累了啦！」我告訴他們：「我才不呢！到時候你們回國後說，局長是用搭車完騎，我豈不是給自行車行銷大打折扣。」

在各項的城市行銷活動中，自行車城市交流絕對是體力和毅力發揮最極致的一刻。

天時 地利 人和

臺日以踩舞表演在臺灣的燈會交流了十多年，但多年來，臺灣沒有一個城市能承擔起每年度的踩舞主題活動，將雙方真正串連起來；我曾經的念頭萌芽了。

在華信航空任職期間，由於經常出差到考察日本，開闢二三線城市航點機場，跑遍北海道、中部地區、近畿地區以及九州、四國地區等機場，幾十年來，一直關注日本這項源自北海道大學一位學生長谷川岳發起的街舞運動，但令我好奇的是，一項由年輕人發起的街舞活動，時隔25年後，竟能持續風靡全國，成為日本的全民運動，而且已經由年輕人街舞提升為老中青少參與的街頭表演活動。每每只要公差恰好遇上舉辦日本踩舞祭慶典，我一定會到街上參觀，看見民眾與舞者同樂的神情令我非常動容，當時心裡就萌生了這樣一個念頭：「這種全體民眾熱情同歡的活動是否在臺灣也能看到？」

有了舉辦踩舞祭的決心，在原本緊湊的公務會議與亞洲巡迴推介行程外，又安排了北、中、南跑企業贊助募款。

　　在我帶著提案滿腔熱血的出發後，一開始就碰了滿頭釘子。先不說沒見過踩舞祭盛況的企業主，根本無從想像這場活動對城市的價值，很多看過日本踩舞祭也深受感動的人，都還會問我：「局長，您為什麼要做這個吃力不討好的事情？」每一次，只要有人想做一個創新的動作，旁人的七嘴八舌就會跟著來，但只要你評估後相信自己是正確的，就不能聽太多，「去做就對了」。

　　2015年為了舉辦第一屆臺中國際踩舞祭，我奔走了臺中中小型企業、上市上櫃公司幾十家企業。很多人不解為什麼一個觀光局局長需要自己跑下來募款？一般來說，地方政府辦活動若預算不足，由市府內部找經費，或舉辦企業餐會，直接跟熟識的企業主募款爭取資源不就好了。不過，我心裡很清楚，如果這活動要長期舉

辦，就一定不能用傳統方式募資，非得親自一家一家拜會，一家一家簡報這項活動的意義，讓企業打從心裡認同，才能夠獲得長久的支持。

　　進行募款初期並不順利，大多數的企業很難理解舉辦這場活動的意義與價值，直到遇到全聯集團總裁徐重仁先生，由於他擁有留日背景，對於踩舞祭的了解與感動不亞於我，在我北上第一次作完簡報後，他表示自己一直希望臺灣能夠有這樣撼動人心的活動，聽到臺中市願意舉辦一定要行動力挺，立刻答應了250萬元的贊助經費，成為這場活動的第一個贊助企業！從全聯集團大樓離開，獲得第一筆活動捐款讓我信心大增，滿懷喜悅地搭高鐵回臺中，加緊募款腳步，持續爭取到臺中銀行、麗明營造、惠宇建設、麗寶集團等贊助。同步透過知日派保保旅行社戴啟珩董事長引薦，認識日本踩舞祭三大組織委員會主委，讓這場活動能夠邀來踩舞起源國家的參與，意義更加深遠。

爭取到經費，跨過預算的門檻之後，接下來建立這座國際舞台，就是一另座高峰了。2016年第一屆「臺中國際踩舞祭」，日本踩舞祭組織委員派了的3隊前來參加，日本踩舞隊伍皆由民間組織自行組隊，每一隊至少有100人；臺灣方面，我也要求參加的各大專院校、高中職組必須組成相等規模的隊伍PK起來，才不失地主的面子。

　　規劃這場日本踩舞與臺灣踩舞PK的國際舞台時，我要求臺灣各大專院校、高中職組成的臺灣隊伍，必須將臺灣傳統歷史文化元素融入舞蹈，讓臺中踩舞祭不僅是一場國際交流盛會，更能讓臺灣傳統文化在國際舞台發亮。

　　第1屆踩舞祭日方總計3隊共300多名舞者前來參賽，隔年又增加參加隊伍，到後來日本民眾都知道臺中的踩舞祭，每年都有隊伍自費機票前來，只是礙於經費，我們只能挑選在日本得了冠軍的隊伍做落地招待，對日本來說臺中踩舞祭是每年很重要的交流慶典活動，只要我們官方時間一公布，就一定會排除萬難來參加。

記得2017年第2屆踩舞祭舉辦時，兩個颱風迎風夾擊，來自全台12所大專院校與日本15隊表演團體擔心是否照常舉辦，而日本隊堅持不畏風雨熱鬧開舞，幸運地，天公作美讓表演的三個小時無風無雨，結束後才開始下雨，日方三大組織主委皆嘖嘖稱奇，簡直如有天助。這場活動不只是圓了臺日交流14年的夢想，也把臺中城市知名度徹底在日本人心中打開。

2018年踩舞祭除了增加了日、韓、越7組國際代表隊，臺灣隊伍也從全台大專院校、高中職、企業組織、在地商圈、民間社團等單位自主組成16隊參加踩舞競演，讓踩舞祭更走向全民參與、共舞同樂的初衷，提升企業與城市的凝聚力。不僅如此，第三屆活動在宣傳初期，就特別與海內外旅遊業者合作，推出踩舞祭活動套裝旅遊產品，深化踩舞祭與在地觀光相關產業之鏈結，在一至三天的旅遊行程中，融入臺中文化、文創、花卉、藝術等景點四大主題遊程，延長參訪旅客在臺中停留時間，而第三屆踩舞祭也締造突破45萬人次觀賞的新紀錄。

無論在經營企業或城市觀光，不論是開闢航線或締結城市、舉辦慶典，我都是在做0到1的開創，從無到有為一個地方打造新氣象，為城市國際化歷史留下紀錄。

CEO的話

再美的願景，再好的策略，沒有執行力，都是徒然。

臺中國際踩舞祭前置準備

如此龐大的陣仗，先不說最基本的舞台動線與安全設計，必須通過承載200人重量及表演運動壓力測試。這一個從臺中市觀光旅遊局發起，結合學生團體，動員民間產業，聯合國際組織（日、韓、越南）組成城市活動，在登台之前，前置作業繁瑣細緻超乎想像。

> 對外部分：

1. 與日本三大組織委員確認參賽日本隊伍(人數每隊100人為主)。
2. 與協辦航空公司確認隊伍機位、表演道具，流程及優惠價格。
5. 邀請其他國家隊伍韓國首爾、越南胡志明市隊伍。
6. 國外邀約隊伍以落地接待，食宿交通安排完善。
7. 表演活動期間起居飲食安全、表演安全。
8. 表演活動後，臺中城市小旅行，推廣城市觀光。

9. 簽署踩舞祭姊妹活動協議。
10. 確認明年舉辦踩舞祭活動時間，及推派臺灣代表隊伍參加日本踩舞祭活動。

對內部分：

1. 場地選區、主舞台、街舞表演動線規劃。
2. 交通管制安排。
3. 表演舞台設計與安全測試。
4. 全臺大專院校、高中職校，踩舞祭說明會與選拔。
5. 專責小組負責參賽隊伍食宿往返、緊急醫療安全事宜。
6. 前置活動宣傳、行銷城市品牌特色。
7. 記者會宣傳，當日表演隊發表會，媒體通路廣宣。
8. 開幕典禮，邀請貴賓，及捐助機構表揚感謝。
9. 發動參賽隊伍的行銷動員，臺中觀光產業全體動員參與接待工作。
10. 檢討踩舞祭活動的執行效益與城市觀光品牌形象影響。與承標廠商營運能力。

我內心很清楚，舉辦踩舞祭活動不僅僅是成就臺中市觀光亮點，更重要的是把臺中國際踩舞祭，打造成一個能夠串起國際交流，激發城市熱情的活動，一個足以成為城市代表的感動力量，踩舞祭活動必須具備這種能量，將來才可以讓民間自組機構承辦。我的目標是前3-5年讓政府來拉動，之後仿日本能夠將活動交給民間企業成立組織委員會辦理，成為一個臺日民間交流最具指標性的永久性活動，即使在我卸任之後，踩舞祭的效益仍然可以持續傳承、創新變化。這也是為何，我奔波於各大企業募款的真正動機和用心。

踩舞祭活動在臺灣無先例可循，萬事都是從零開始，從募款、邀請表演團體參賽、說服商家參與，要說動上百上千個沒有見過踩舞祭活動的人，只能一步步去訪、去說服。2015年一個冬天的傍晚，我走出七期區的一棟商業大樓，冷風颼颼獨自一人站在騎樓下，「局長，不好意思啊！」身後突然傳來一

個聲音，是剛剛一起在會議中的總經理，「這個活動真的很有意義，但實在是因為今年預算有限……」他遞給我一根菸，算是安慰我今日沒有成功在這次拜會中募到款項，對他這麼有心追出來的動作，我內心非常感動，伸手接過他遞上來的這根菸，說也奇怪，本來不平的心情抽了一口菸後隨即轉念，一個上市上櫃幾億身價的大老闆，能夠撥出時間聽簡報，已經是十分禮遇，這麼一想，幾分鐘之前的挫敗感突然也就消散了，只是，這位總經理遞給我菸，也成為我戒了十多年之後，不得不再次拾起的減壓方式。

每完成一次踩舞祭，都會有人問我舉辦這場國際大型活動最困難的是哪一個環節？我想了很久，這場活動牽動到國際交流、公務機關上下協調整合事務，及企業贊助、臺灣大專院校、高中職校參賽巡迴說明會、活動執行和隊伍表演舞台、封街競賽的安全風控及影響社區家戶安寧說明會等，每件事都環環相扣，必須嚴謹執行一刻不得鬆懈，但最困難的地方，就是從0-1的起頭那一刻。

事實上，整合過中臺灣觀光資源後，臺中的觀光活動已經是一年四季熱鬧滾滾了，奔走踩舞祭的過程中，出現很多聲音問我：「為什麼這麼堅持要做出踩舞祭活動呢？」「臺灣本身就有經營多年的宮廟慶典，為什麼不直接從這邊做延伸呢？」

宮廟慶典活動行之有年，也由於在地宗教文化獨特性強，不容易構成兩地之間連結點，而策畫踩舞祭的初心，就是為臺中市創造一個長久與日本城市交流的慶典活動。熟悉日本文化的人都知道，踩舞祭活動，是許多日本從北海道、本州、四國、九州地區年度的年輕世代盛大活動，這個活動是由日本民間成立組織委會，再由企業主動參加，資金來源是門票、廣告和企業贊助，政府是不介入的；臺灣恰好相反，若是政府不主動牽線啟動，企業不易主動承辦。

踩舞祭最具特色的地方是，除了表演者之外，觀眾也可以加入與舞者共舞同樂，在慶典期間，周邊攤位還有來自全國各地的美食與特產，相當熱鬧。今

日的北海道索朗祭（ソーラン祭り，**YOSAKOI**）、三重縣的安濃津 **YOSAKOI** 祭、名古屋真中祭，包括東京都、名古屋也都有極具規模的相關活動，最重要的是，這些表演隊伍無論是學校或是企業團體，都是由民間團體自發性組成，幾乎是一個老中青少的全民運動。

臺日以舞蹈和燈會表演交流了多年，2004年臺灣交通部觀光局首度讓學生組隊參加第13屆北海道 **YOSAKOI** 索朗祭，當年我們就獲得「審查員特別賞」的榮耀，之後的每一年有以傳統民俗改編的獅子舞、原住民舞蹈、民謠改編舞、甚至還有布袋戲為主體的舞蹈到日本表演，臺灣隊伍都獲得高度評價，日本各地也在每年臺灣燈節派舞蹈團體來臺灣表演，成為臺日雙方相當有意義的交流活動。透過臺中市國際踩舞祭，臺日踩舞交流活動，終於被賦予更明確的品牌定位和活動價值，令所有參予者都於有榮焉。

06

城市 CEO 要打造一個
能創造商機的環境

　　創意對我而言，要以帶動產業賺錢爲目的，管理者的
角色，不管是專業經理人或是政務官，能夠帶領你所領
導的組織，創造一個有商機的環境，這才是一個有感的
領導者，產業界才能感受到這個政務官或管理者是有作
爲、接地氣。

總舖師的故鄉裡找不到總舖師

　　提到高雄內門，多數人會直接聯想到宋江陣[註]，其實內門除了廟會宋江陣之外，這裡也是臺灣最有名辦桌文化「總舖師的故鄉」。但有一個很有趣的現象，是我就任高雄市觀光局長時親自走訪內門才發現：「原來，在總舖師的故鄉裡找不到總舖師，因為，他們都到外地辦桌去了」。

　　來到總舖師的故鄉，吃不到總舖師料理豈不是很可惜，我想，如果把總舖師請回來掌廚，那麼內門不只能吸引喜愛傳統藝術表演的旅客，還能一併把愛好美食的饕客們吸引過來，豈不是一舉多得。

註： 源於民間農家子弟學習武藝的活動，後來演變成神佛駕前的藝陣文化，高雄內門延續宋江陣文化已經有兩百多年的歷史，在1993年首度以嘉年華方式為宋江陣舉辦文武藝陣活動之後，自此就成了高雄一年一度民間與政府合作的重要慶典。而內門也是因為陣頭文化興盛，每逢團練時間，陣頭教頭都會安排大鍋點心和美食來慰勞成員，從簡單的飯湯、炒麵、炒米粉，逐漸變成越來越豐盛的料理，做菜模式漸漸由單一總舖師父負責，加上臺灣婚禮喜慶的外燴特性，辦桌成為內門人共有的職業。

2011 年內門宋江陣活動籌備前，我去拜訪內門幾位總舖師，以高雄市觀光局局長的身分邀請他們在宋江陣期間務必把時間保留下來，配合觀光局做「辦桌」活動，讓總舖師也能成為這一年的慶典主角。

內門宋江陣在陣頭活動期間，練習是很忙碌的，為了讓陣頭弟兄能夠方便快速飽餐，發展出一種飯菜文化叫羅漢餐，我將總舖師的辦桌菜與羅漢餐結合，創造出新的亮點，而這個美食創意帶來了搶購潮。

那一年共有 150 組總舖師參加，以高雄在地的時令食材，包括放山雞、南瓜、芋頭、萬能薯、樹豆、綠蓮霧、鳳梨等等，我們讓來訪民眾事前訂桌，湊不到一桌也能現場購買餐券品嚐道地的羅漢餐，「羅漢餐」就是大鍋快煮的「湯飯」，將竹筍、香菇、放山雞、肉羹、高麗菜、蘿蔔、芹菜等等，勾芡放入大鍋快煮，入口的時候就是一種相當豐富的滿足感。內門宋江陣期間，一個人花五十塊就能吃到料多味美的古早味飯菜。

那一年，前來參加宋江陣的遊客，既能看到精彩的百年傳統表演，也能吃到道地總舖師手藝，真正感受賓至如歸。對主辦單位來說，辦桌不只帶動餐廳消費，連帶前端食材的農林漁牧均有受益，這項名利雙收的活動，自此也成為每年宋江陣活動中重要的環節，同時拉動山城、旗山與美濃地區觀光產業動能。

將創意搬上名古屋機場

2018 年臺中國際機場與日本中部國際機場締結姊妹機場、定期包機首航屆滿週年，依照國際慣例，雙方會提議舉辦一個慶祝活動，藉此讓彼此互動再深化，這個慶祝活動可以是酒會、記者會等形式，但我認為這麼一個值得紀念的時刻應該要好好把握，用更特別的方式讓臺中形象在日本人心中植根。

過去，臺灣地方政府參加海外旅展及亞洲食品展，皆

由政府或公協會舉辦，我認為，既然是慶祝兩地交流，那麼就不能只拘泥在公部門的活動，而是讓民間企業有機會親上國際舞台。那一年，我打破傳統，親自帶著50多名臺中美食、觀光業者赴日，在日本中部國際機場辦理為期一週的「花現臺中——臺中觀光行銷特展」作為交流週年的慶祝活動！試想，能在日本這座客流量達1,200萬人次的國際機場，舉辦臺中城市觀光特展活動，再加上日本當地電視台報導，對臺中市在日本知名度提升的效益，絕對超過任何廣告效果。

觀光旅遊局長就是這個城市觀光產業的CEO，任務是搭建好臺中市的國際舞台，讓臺中的觀光業者有管道將自己的產品行銷出去；在這場活動中，參展的臺中業者們也不負眾望，活動前便投入大量心思準備，包括如何呈現自己產品的特色、怎麼將食材包裝完好寄送到日本，力求在特展期間有完美的呈現。

開幕當日，在極具臺中特色的薩克斯風悠揚樂聲中揭

開序幕，臺中糕餅現烤、手搖珍奶、木藝、午茶、洋傘等手作，還有臺灣天才兒童陳曦畫作展演輪番上陣，現場提供臺中觀光資訊、在地美食試吃品嚐，並有限定文創商品販售，以及各種舞台展演 DIY 體驗活動，更在機場直營餐廳「海上樓」推出臺中美食料理。活動首日吸引破千位民眾到場參與，讓一場週年紀念活動不只是形式上的慶祝，更成功完成一次將臺中的好食、好物、好生活呈現給國際遊客的交流。

臺灣天才畫家陳曦的作品《大鵬展翅》畫作，也在這場活動中贈送給日本中部國際機場，並懸掛在其藝術長廊內。

第三篇

觀光5.0檔案

為什麼觀光5.0很重要?

2019年新冠疫情 (covid19) 疫情三年的侵襲,地球猶如停止轉動,全世界的觀光產業已產生結構性巨變,舉凡觀光供應鏈各個環節的經營模式、消費者的旅遊習性等,都不斷進行本質上的轉變,隨著疫情趨緩,2023年全球觀光產業正式邁入新的分水嶺,各國開始紛紛加入邊境鬆綁的行列,促使觀光業逐步復甦。

臺灣觀光產業經過政府的紓困與振興1.0-4.0後,安穩度過危險期,然而,未來觀光產業要的已經不是「如何活下去」,而是要邁向「如何存活得更好」。

這一個章節,我們將目光拉回臺灣,看臺灣觀光業作為國家發展起點的思考,在後疫情時期,應該做甚麼改變?同時借鏡國際地緣戰略布局,思考臺灣的下一個10年、20年。

✉ 檔案1

樞紐概念

如果想要改變果實，首先必須改變它的根；
如果你想要改變看得見的東西，你必須先改變你所看不見
的東西。

—— T.Harv Eker

樞紐，是建立在轉運（transshipment）承運能力及地理位
置，它是扮演全球供應鏈最重要角色，能夠將貨物流／人流
運抵世界各地機場／港口／目的地。

—— Jean-Paul Rodrigue

樞紐（HUB）概念，猶如車輪結構中，輪轂與輻條關係，從中心建立軸輻系統網絡。可運用建構在樞紐國家（Hub-Nation）、樞紐城市（Hub-City）、樞紐國際機場（Hub-Airport）、樞紐國際港口（Hub-Seaport），以本國為中心擴散至與世界接軌，站穩樞紐位置便能為世界焦點。

位於東南亞地區的新加坡，即是建構地緣「樞紐」戰略最佳範例。不只有地理位置優勢，且依靠國家強勁產經航運的競爭力，以「立國四柱」-麻六甲海峽港口、樟宜國際機場、亞洲金融中心、觀光旅遊會展產業，讓自己在亞太區域扮演關鍵角色，撐起世界；因為它掌握地緣「樞紐」定位，建立亞太金融航運轉運樞紐中心，將自己從地理小國，放大至亞太地區及東南亞國協最具影響力國家。

綜觀臺灣具代表性的資源競爭優勢，不僅地理位置占據優勢，在研發製造上與世界產業供應鏈連結，如：半導

體、晶圓代工、筆電、IC設計、工具機、自行車等等，因此臺灣建構亞太地區樞紐地位的重要一步，便是從海空航運切入，讓順暢的交通管道將臺灣與世界緊密連結。

樞紐形成

任職中華航空集團華儲、華信航空董事長時期，常到亞洲國家進行商務考察，其中一次讓我印象深刻是，一次在拜會中國大陸國務院臺灣事務辦公室，另一次參訪新加坡樟宜國際機場集團，兩個單位的高層都問過相同問題：「陳董事長，你到世界各地出訪洽商時，都會安排到什麼地方參訪？」。

我愣了幾秒，多年公差出訪，少數高層談話，會問到類似的問題。我告訴他們：「除公務行程外，每次出訪都會增加參訪目的地的國際機場、國際海港貨櫃碼頭及郵輪中心，以及在地大學」。

他們好奇地問：「為什麼是這些地方呢？」。

從國際機場、國際海港貨櫃碼頭及郵輪中心、在地大學，這3項國家競爭力指標，可以直接看出這個國家在國際樞紐上的地位、國家的經濟發展潛力和國家競爭力。20多年來，我走遍亞洲國家參訪各大國際機場、國際海港及郵輪碼頭、鐵公路建設等。我深刻體會：一個國家是否傾盡全力打造海陸空建設基礎，關乎其能否站上國際樞紐地位！

 公式1 空海陸 北×中×南

在空運航網上，以中華航空公司、長榮航空公司的客、貨運機隊能量，及配合桃園、臺中、高雄機場擴容計劃及貨運集散站營運能量，輔助於交通部及民航局善用第三、四、五、六航權，10年內臺灣航空航運轉運樞紐中心建構完成。

在海運運輸能量上，長榮海運、陽明海運及萬海航運，已充分具備世界貨櫃船隊前茅，及密布世界航線空間格局。不論環形航線、軸輻航線網絡，基隆港、臺北港、臺中港、高雄港都與世界貨櫃散裝港口接軌。

進入第4階段樞紐成形，臺灣地緣戰略地位與世界產業供應鏈，以及海空運轉運樞紐中心鏈結，無涉與大國之間競爭下的亞太地區第一島鏈及第二島鏈戰略布局。

 公式2　機場擴容　北×中×南

2022年全球客運量已經接近70億人次，這數千萬的吞吐量，顯然已是國際客運量前10大機場的基本標配，許多國家開始以「億」為單位，作為未來發展藍圖與計畫。有遠見的國家在疫情期間趁國際旅遊市場蕭條之時，巨資打造機場大型工程，不僅為帶動國家經濟發展打下強固的交通建設基礎，同時放眼逐步回溫的國際旅遊市場，達到雙贏的效果。

樞紐演進 4 階段

從海空航運網發展來觀察，臺灣須從點對點航網，升至軸輻航網模式，再升級建構臺灣海空航運多樞紐中心，至建立樞紐國家地位。

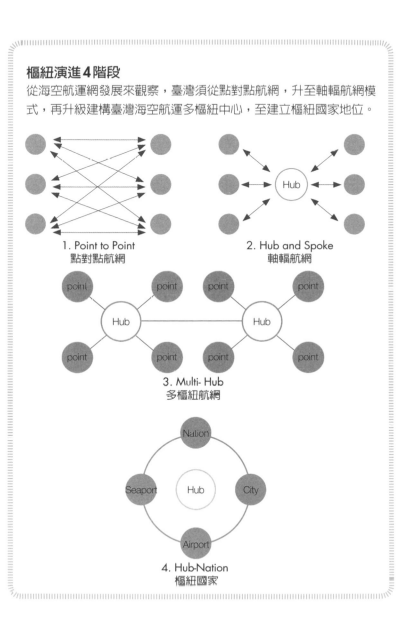

1. Point to Point
點對點航網

2. Hub and Spoke
軸輻航網

3. Multi- Hub
多樞紐航網

4. Hub-Nation
樞紐國家

觀察2019年後新冠疫情三年期間，亞洲許多國家紛紛展開短中長期的國際機場興建整建計劃，奠定厚實的國家發展基礎，尤其在2030年後，將有越來越多巨獸型國際機場亮相，展現全球化強勁競爭態勢。

　　全球航空國際機場如此競爭，臺灣僅將重心放在桃園國際機場的擴建，顯然不足以接上世界競逐腳步。雖然桃園國際機場第三航廈和第三跑道擴建後，總體客運量能達到8,600萬人次之多，但若是想與亞洲不斷登場的「億」級國際機場分庭抗禮，在桃園國際機場擴建時，可同步執行中部、南部國際機場的擴容計畫，一則可達到與亞洲國家競爭，二則可作為疏散國際入境人流最佳策略。

CEO的話

做決策的關鍵：過去做的，不表示現在就這樣做，
現在做的，不表示未來就那樣做。如何做？要應變，
要彈性。

亞洲機場擴容計畫

泰國
蘇汪納蓬國際機場 Suvarnabhumi Airport、
烏塔堡國際機場 U-Tapao International Airport

曼谷主要國際門戶是蘇汪納蓬國際機場與廊曼國際機場，前者於2022年初完成2期擴建工程，每年接待旅客量從過去的6,000萬提升至9,000萬人次，第3跑道也正加緊趕工中。

同時，泰國投入93億美元進行泰國東部的烏塔堡國際機場擴建計畫，以此減輕蘇汪納蓬國際機場的交通負荷，未來透過機場快線方式串連3大機場，使烏塔堡成為服務國際旅客的曼谷第3座商務機場，預計2030年完成第2期工程，將可容納3,000萬人次的旅客，總計可達到1.2億人次的吞吐量。

新加坡
新加坡樟宜機場 Singapore Changi Airport

曾獲評選為全球最佳機場的新加坡樟宜機場，長期以來都是亞洲最繁忙的機場之一，隨著國際移動需求回復人氣，加速醞釀多時的5號航站樓（T5）工程跟進，T5預計於2030年完全啟用後，每年可接待約5,000萬人次，超過現有1號、3號航站樓的總和，原先樟宜機場總客運量可達8,470萬人次，隨著T5的加入，將讓樟宜機場的總體接待量突破1.3億人次。

韓國
仁川國際機場 Incheon Airport

仁川國際機場正在進行第4期的工程，並將新設第4條的起降跑道，同時擴張第二航廈，屆時機場的營運容量將大幅提升，每年服務量將從目前的7,200萬人次成長至1.06億人次，服務航班升降達到79萬架次，隨著2024年各項工程完工，龐大的吞吐量將能躋身全球機場服務人次年度排行的前3名之列。

香港
香港國際機場 Hong Kong International Airport

作為開埠以來最昂貴基建工程，斥資千億元的香港國際機場擴建工程已於2022年7月正式啓用第3跑道，將使香港機場的客貨運載能力增加約一倍。據統計，2019年的香港國際機場客運量達7,470萬人次，透過2035年前後各項工程的陸續完工，屆時香港國際機場的年客運量將達1.2億人次，年貨運量達1,000萬噸。

越南
隆城國際機場 Long Thanh International Airport

胡志明市的新山一國際機場年吞吐量為3,600萬人次，雖有可容納2,000萬人次的T3航廈正進行擴建工程，力爭在2024年完成，但仍不敷使用，因此越南政府於2020年啓動距離胡志明市40公里的「隆城國際機場」建設，預計2025年完工第1期工程，可達5,000萬人次的吞吐量。這個越南最大機場工程將規劃4條全長4,000公尺、寬60公尺的跑道，總面積達50平方公里，預計2040年3期工程皆完成後，每年能容納1億人次與500萬噸貨物，扮演過度角色的胡志明新山一國際機場則改為服務國內航線為主。

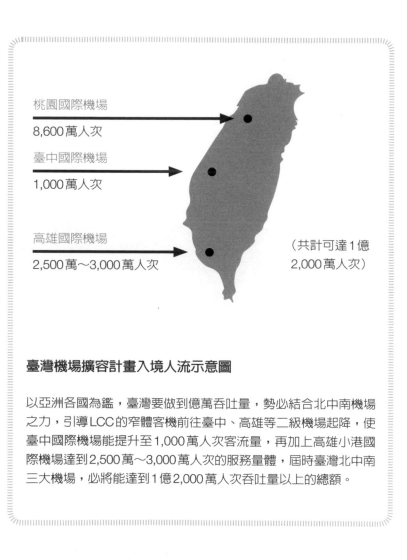

桃園國際機場
8,600萬人次

臺中國際機場
1,000萬人次

高雄國際機場
2,500萬～3,000萬人次

（共計可達1億
2,000萬人次）

臺灣機場擴容計畫入境人流示意圖

以亞洲各國為鑑，臺灣要做到億萬吞吐量，勢必結合北中南機場之力，引導LCC的窄體客機前往臺中、高雄等二級機場起降，使臺中國際機場能提升至1,000萬人次客流量，再加上高雄小港國際機場達到2,500萬～3,000萬人次的服務量體，屆時臺灣北中南三大機場，必將能達到1億2,000萬人次吞吐量以上的總額。

CEO的話

談企業創新,簡單的說,就是每一天,每一月,每一季,都在改善工作內涵,調整達成目標,突破競爭限制,創造市場利基。

入境分流 北×中×南

　　人流引入後，更重要是下一步「分流」的推動。

　　在便利的高鐵、捷運條件上，應加強各縣市公路等往來交通與接駁設施，讓國際觀光客到訪立即能進入臺灣「一日生活圈」以及「一小時交通旅運生活圈」，不僅強化其他區域的觀光發展，有效分流分源，亦能舒緩桃園國際機場的壓力，同時強化臺灣的區域服務競爭力，與亞洲一線國際樞紐進行對決。

 郵輪經濟圈×母港×專責部門

　　相較於新加坡鄰近各國創造出郵輪大國的先天條件，臺灣坐落於太平洋島鏈中央，亦可善用地理地緣位置發展出郵輪樞紐的優勢。

我長期研究航運市場，親身走過東北亞的韓國仁川港、釜山港；日本東京港、橫濱港、神戶港；中國大陸北從天津東疆港、青島港、上海一滴水碼頭、吳淞口港、廈門港、三亞港、香港維多利亞港；以及東南亞的新加坡濱海港；馬來西亞檳城港等國際重要港口。

　　臺灣不僅可作為兩岸四地郵輪經濟圈的核心，亦擴大至日本、韓國、新加坡、馬來西亞等地，發展出北向、南向、東向、西向，以及兩岸與亞洲跳島的郵輪常規航程，成為「亞洲郵輪經濟圈」的旅運樞紐地位。想要達到此目標，就要吸引更多國際航商進駐臺灣，需要執行規劃如北、南、東、西向與全航線的航程，讓臺灣具備郵輪母港 註 條件。

註： 母港指常駐郵輪起迄航程的港口；掛靠港則是船舶從出發港至目的港途中所停靠港口。掛靠港的進出，需仰賴國際郵輪的意願，或是業者自行包船，整體市場的胃納量大幅低於母港。

最後，透過成立郵輪專責部門，設立「郵輪發展基金」，並且要推動24～72小時郵輪免簽證措施；同時強化10萬噸以上基隆、高雄等國際港口，吸引常駐型郵輪進駐，使其能充分發揮母港[註]優勢，其餘港口噸數分級制，從2萬到5萬噸，彎靠臺中、安平、花蓮、澎湖港口，可以形成為掛靠港，延伸出郵輪產業的補給供應鏈系統，地方政府能策畫郵輪專屬區域型陸地遊程，才能建構完整郵輪經濟圈。

臺灣納入亞洲郵輪經濟圈示意圖

將郵輪發展作為郵輪觀光產業鏈，海洋國度的臺灣具備競
爭優勢條件，可發展出北、南、東、西向，以及兩岸郵輪
常規航程。

✉ 檔案2

永續經營

勇於改變的 CEO 是看見趨勢、相信趨勢、走向趨勢。

懼怕改變的 CEO 則是看見趨勢、忽視趨勢、駐足不前。

1980 年的聯合國世界旅遊組織（**UNWTO**）自該年開始倡導「永續觀光」，然而將近半個世紀，在追求高速發展的過程，加上缺乏全球性環境生態系統性的管理與管控，「永續」議題並沒有在亞太區的觀光業發光，甚至選擇性地忽略在地社區與生態系統負擔過重的潛藏隱憂。

　　直至新冠疫情(COVID-19)席捲全球後，無法跨國旅遊的觀光產業被迫按下暫停鍵，各國才開始有機會重新反思過去旅遊的深層問題。例如近年來各國極力爭取的「全球百大綠色目的地」註，透過認證與競賽，讓這些旅遊目的

註：總部位在荷蘭的「綠色旅遊目的地基金會（Green Destinations Foundation，GD）」，這個遍布 90 多個國家、擁有 75 個國際合作夥伴的跨國組織，遵循著全球永續旅遊委員會（Global Sustainable Tourism Council，GSTC）所制定的永續旅遊目的地準則，短短幾年之內已經評選出全球 400 多個綠色百大目的地。2018 年基金會更與全球最大商業旅展 ITB Berlin 簽約結盟，於每年 3 月舉辦的 ITB Berlin 宣傳全球百大綠色旅遊目的地。
積極與永續鏈結的日本，在 2020 年時有 6 個地區入選「全球百大綠色目的地」；新加坡則於 2022 年以聖淘沙島斬獲「全球百大永續故事獎」。
臺灣方面則有交通部觀光局東北角暨宜蘭海岸國家風景區管理處，自 2016 年起連續 7 年獲得「全球百大綠色目的地比賽」的肯定，並於 2020 年成功通過綠色旅遊目的地基金會雙稽核員檢核，取得「綠色旅遊目的地金獎認證」；日月潭國家風景區管理處 3 年來積極投入，完成綠色旅遊目的地基金會要求，於 2022 年獲得「綠色旅遊目的地認證銀質獎」。

地發展觀光的同時，可以降低對環境生態、文化傳統的破壞，並且維持在地居民的生活品質、提升在地的經濟發展。

2015年聯合國宣布了「2030永續發展目標」、「2050淨零碳排」，當中包含了永續城鄉、保育海洋生態等17項目標，當永續觀光成為旅遊大國致力的方向，臺灣觀光在國際這波「永續」的浪潮中，如何把自己推上浪頭呢？

何謂永續

根據聯合國世界旅遊組織（UNWTO）對永續旅遊定義：「充分考量目前及未來的經濟、社會與環境影響後，落實遊客、產業、環境與當地社區需求的觀光方式。」也就是說永續觀光的概念，不僅是強調減碳與對環境發展的重視，而是全面性達到生態環境、社會文化與地方經濟的三方平衡。

在這個目標下，各國在現有觀光基礎絞盡腦汁找出相關連結，想發展出與疫情前截然不同的旅遊環境，於是，韌性觀光（Resilience Tourism）開始備受各界探討。

所謂「韌性」(Resilience)，在心理學來講是指人在遭受重大創傷(traumas)後，挺過壓力，身心恢復正常運作的能力；而「韌性觀光」，要的不只是受創後恢復到昔日水平的能力，而是可以向上突破，超越原本基準的觀光產業，更直接來說，韌性觀光是一個區域／國家在觀光發展上「不可取代性」的產業。

臺灣「不可取代性」的產業，就要從具有臺灣獨特競爭優勢的「原生產業」著手，將其與觀光產業對接，才能發展出臺灣疫後轉型所需要的觀光韌性競爭力。

公式 1 　食宿遊購行 × 三級產業 × 原生產業

　　觀光產業鏈是一個包含食、宿、遊、購、行的多元產業結構，臺灣擁有許多底蘊深厚的一級產業（農林漁牧）、二級產業（製造業）、三級產業（服務業）及原生產業，當全球已邁入各國瘋狂搶客的戰國時期，這些具有韌性的產業不該與觀光成為毫無交集的平行線。臺灣須加速一、二、三級產業鏈的整合，建構出專屬於臺灣在地的強化優勢，才能有機會在疫後觀光攻防戰中搶奪先機，和未來十年全球化競爭。

　　在三級產業整合中，二級產業自行車是絕佳案例。中臺灣作為重要自行車零組件製造基地，不僅有巨大、美利達等整車廠國際品牌，產業鏈上游的零組件廠商更是多元。在臺中擔任觀光旅遊局局長時，號召中臺灣的產業界共同組成「自行車城市宣傳隊」，接著透過臺中市府年年舉辦的「臺中自行車週（TBW）」，讓自行車製造

商、採購商與國際選手集結於臺中，來自世界各地的自行車好手除了參加比賽，還安排他們前往各自行車零組件廠商參觀採購，而選手與參觀群眾所住的各個飯店，均放置遊程推薦地圖，使旅客在賽事之後，能再深入中臺灣旅遊，進行一場食、宿、遊、購的觀光之行。

自行車案例　整合全球供應鏈 × 運動城市 × 自行車觀光

項目＼產業鏈	整車廠	零組件廠
指標企業	巨大、美利達、愛地雅、明係、必翔、永輪	桂照、日馳、利奇、台萬、久裕、正新、建大
主要產品	傳統自行車、電動輔助自行車、專業自行車、客製化自行車、殘障自行車	鍊條、煞車器組、飛輪、車架、踏板、輪胎、變速器、坐墊、把手、變速器等等

　　搭配自行車盛事的舉辦，將一～三級產業有效整合，創造自行車會展、自行車賽事、自行車旅遊的入境需求。此案例同樣可用於臺灣特產農業、美食、購物節慶的觀光整合。

臺灣原生產業整合契機

　「找出臺灣具備國際級關鍵性零組件供應鏈的原生產業」，是臺灣發展韌性觀光的重要基礎。依據臺灣自身優勢和多元產業的特性，還可歸納出：

生態觀光
（Ecological tourism）

會展觀光
（MICE tourism）

自行車觀光
（Bicycle tourism）

醫療觀光
（Medical tourism）

時尚觀光
（Fashion tourism）

文化觀光
（Cultural tourism）

節慶觀光
（Festival tourism）

慢經濟
（Slow-life tourism）

公式 **2** 醫療 × 時尚 × 購物

在原生具有競爭力的產業與觀光結合上,臺灣亦有多項優勢,如韓、泰積極推展的「醫療觀光」,同樣是臺灣的利基點,包括肝臟移植術後存活率超過美國、亞洲心臟移植成功首例,加上近幾年醫美需求亦蓬勃發展,都是作為臺灣發展醫療觀光的核心。

時尚部分,則能從臺灣為知名的臺北時裝週著手,在近幾年文化部的推動下,已經逐漸形成氣候,時尚服裝週涉及紡織、染料、化工、設計、皮革、模特兒培訓等等產業,更應有效與觀光鏈結,將時尚的經濟效益延伸到旅遊產業,帶動採購、旅遊等周邊經濟效益。

（公式3）慢經濟　慢旅×慢生活×慢城

　　隨著全球對於永續發展、淨零碳排的呼聲越來越高，慢城、慢食、慢活、慢遊的方式更能符合國際需求，因此臺灣更應該著重在強化國際行銷、爭取國際客訪臺的目標。

　　在全球永續觀光委員會推動下，亞洲許多高度仰賴觀光的國家，如帛琉、泰國、日本或國際大型旅遊等皆率先響應，臺灣亦跟隨著世界的腳步推動註。然而，永續與觀光不單單是塑料製品和碳排放量的減少，應該更積極從旅遊型態轉變。當國際行之有年的「慢經濟」風潮吹

註：　慢城的概念始於歐洲，因此走過20多年的推廣，在全球的慢城數量上依舊以歐洲為大宗，總計甚至達到8成之多。然隨著慢城的風氣吹進亞洲，至今已有為數眾多的城市加入，包括韓國17個、中國大陸13個、日本2個，其中臺灣在2014年通過花蓮縣鳳林鎮後，包括苗栗南庄、三義、嘉義大林，屏東竹田鄉更於2022年底加入行列。

向臺灣，尤其全台已有5個國際慢城，以「慢旅」開啓「美好慢生活」。

「慢旅」思維使得國際旅客不再只停留於大城市，而願意將腳步延伸到各個偏鄉慢城，進行旅遊消費，這得以解決城鄉差距及老齡化社會結構問題，且值得永續投入新旅遊模式。

這對於維護社區文化、環境保護保育、在地企業創生、觀光推動皆有助益。像是花蓮鳳林、嘉義大林、苗栗三義與南庄、屏東竹田已是國際認證慢城。未來，臺灣若要與國際接軌，建構一條國際慢城路網是必須的規劃，臺灣宜推動「一縣市一慢城運動」，與國際慢城接軌。我服務高雄、臺中兩大城市的經驗，發現偏鄉地區要花較多心思，從人、文、地、產、景一一過濾，盤點城鄉資源，找出合適鄉鎮打造慢城品牌，才能讓臺灣觀光眞正邁向永續發展。

臺灣要邁向永續觀光，不是選擇題，是必選題，是必走的一條路。中央與地方公部門需大力帶動，與各產業私企業透過各界資源、人力物力整合推動永續計劃項目，才可望以點、線、面方式，讓臺灣小島邁向永續的福爾摩沙。

第四篇

企業 CEO Q&A

此篇幅將以自身於產官學服務之經歷,回答高
階主管與經營者,在公司治理上常見問題。希
望能提供諸位經營上的啟發與思考。

Q1 外派的CEO如何以極短時間進入實質領導決策？

一般而言，企業會從外部選擇 CEO 人選，主要是意識到企業需要變革，期待透過外部人才帶給企業全新面貌，也因此外派 CEO 或高階主管在進入企業後，除了儘快熟悉企業人事組織、各項管理系統制度、財務結構，更重要的是要在最短時間提出適合企業的改革策略。

稱職的 CEO 不可以給自己試用期，至少在進入企業 1 個月內，就要以鳥瞰式宏觀視野，找出企業與相關產業鏈結，擬定出 3–5 年後的企業發展策略，才能真正落實企業變革發展。一個新進場的企業 CEO，如何確立自己的企業位置，並提出能夠有效幫助企業成長的策略？

每到一個新的企業，坐上 CEO 的位置，我心中會問自己 10 個問題，這 10 個問題可以幫助我有邏輯、有系統地擬訂未來的策略方針。

CEO經營10問

	CEO經營10問	問題目的
認識自己	1.我是誰？	認清我的責任、義務及企業位置。
	2.我的利基？	企業的基本優勢在哪？
	3.我靠什麼過活？	企業的基礎獲利來源？目標市場在哪裡？
	4.我有什麼問題？	需要處理的問題和即將面臨的危機。
了解夥伴	5.我的家族成員上、中、下游相關企業是誰？	相關企業的產業鏈為何？
	6.我家族成員的特性？	企業在全球的相關品項產業中，競爭力為何？
	7.我的企業成員相關資源？	我的相關企業是誰，上下游是誰？自家相關企業產業鏈可供運用的企業資源。
未來目標	8.我站立在哪裡？	企業目前狀態與市場位置？
	9.我的明天在哪裡？	消費者在哪裡（年齡層、地區、國家）？我要用什麼方式行銷給目標市場？我的產品市場生命有週期多久？推出一個新產品的時間表及服務能力。
	10.我準備好了嗎？	3-5年的未來目標。具備競爭優勢的市場目標。

這裡的經營10問當中的「我」代表企業，從這10個問題，能引導一個CEO思考從公司文化、策略制定、人資管理、市場優勢到未來布局。CEO的思維邏輯只要通了，不管放到哪裡都能暢通無阻，不會換了一個產業就不知所措。在CEO的眼中，只有產業別的不同，但做事邏輯都是一樣的，弄懂這10個問題，無論被放在什麼樣的位置，你都能快速且清楚知道：我現在該做什麼？我未來要做什麼？

了解企業狀態後，接下來就是制定經營策略。

　　《孫子兵法》開篇談的是〈計〉，這裡的「計」不是計謀、計策，而是計畫。帶兵打仗首要做的事情，是謹慎觀察、分析敵我狀態，擁有周密計劃的戰略才有勝利的可能。經營企業更是如此，關於制定企業經營策略，我會從以下的3C經營架構，啟發管理思維。

企業經營之策略啟發與管理思維

3C經營架構

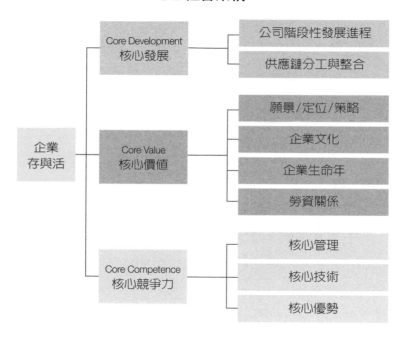

企業存與活

- Core Development 核心發展
  - 公司階段性發展進程
  - 供應鏈分工與整合
- Core Value 核心價值
  - 願景/定位/策略
  - 企業文化
  - 企業生命年
  - 勞資關係
- Core Competence 核心競爭力
  - 核心管理
  - 核心技術
  - 核心優勢

Q2 經營企業時，應該優先考慮和提倡哪些價值觀？

不同的企業依據產業別與發展階段，有各自重視強調的核心理念與核心價值，如航空業有不容瑕疵的安全準則、貨運業須確保服務品質與效率、科技業創新與研發速度是競爭關鍵。那麼，有沒有哪些價值觀或策略，是放諸四海皆準，每個企業都應積極提倡的核心理念和核心價值？我們以世界百大企業為例，看看企業創始人的高瞻遠矚。

1994年出版的<<Built to last >>(Jim Collins, Jerry l Porras)，被《富比世》雜誌、《哈佛商業評論》評選為20世紀最具影響力管理書籍。兩位作者以6年時間，蒐集世界500強百年企業、100位CEO，最後篩選36家百年企業進行研究，分析這些企業能夠源遠流長，百年不衰的因素，他們發現，具有恆久的「核心理念」與「核心價值」是驅動企業的持續前進的最大動力。

以世界航空飛機製造霸主波音公司（Boeing）為例，一百年前就訂定遠大核心理念與價值：

1. 居於航空領域領導地位
2. 勇於面對挑戰與風險
3. 產品安全和質量
4. 誠實與道德經營事業
5. 吃飯、呼吸、睡覺都心懷航空世界

另一家世界汽車業的霸主福特汽車（Ford），也是一百年前定下遠大核心理念與價值：

1. 人才是企業競爭力來源
2. 產品是最終企業努力成果
3. 利潤是必要手段和檢視成功的依據
4. 誠實和正直

在福特汽車的歷史文獻上並記錄：

People >Product>Profit，更顯示企業將人才和員工安排在第一重要順位。

兩家百大企業的核心價值有同有異，我們把視角拉高，會清楚發現，兩者最大的共同點並不是其核心理念的內容，而是：兩家百大企業在創始之初，就明訂了企業的「核心理念」，這也是Jim Collins和Jerry l Porras.在研究中發現，所有百年企業之所以亙古百年，都是以前瞻的核心理念與價值維繫著。

　　企業核心價值如大樹之根，是一種信念，一種精神，一項指導方針，一個凝聚向心力的力量；因應企業自身發展目標，即早確立企業核心價值，是企業創始之初的重要環節。

　　經營華儲之初，企業核心理念未定，我在診斷企業狀態後，提出的「整潔、紀律、效率、效益 」四大核心精神爲準則，才進一步擬定企業文化、組織管理、人力資源、經營方針、核心競爭等等，使華儲成功轉型獲利，而這四個核心，至今仍是華儲公司企業文化鐵律。

Q3 CEO如何養成？對於有志成為CEO的人，您有什麼建議？

回顧每一家百年企業的創始人，是創時代的英雄，是草莽強悍的梟雄，皆為天性領悟力強者，從商業發展史來看，優秀創業人才實屬罕見，然企業開始傳承經營，大多數的CEO，確實都經歷一段長期的培養。

以我為例，接受外派轉任中華航空集團客、貨運兩大關係企業CEO之前，在公部門與研究所進修過程中，養成的能力，包含我在人事行政局學習到組織重整、人力盤點、績效管理；在交通部學習到交通政策制定、政策執行與績效管控；在研究所學習到產業分析方法論、商業模式設定與選擇、有效的決策執行。

換句話說，CEO的養成是一段長期且沒有終點的過程，包含學理知識的養成，與實務經驗的歷練，CEO在職場上的每一刻，都要持續從實務與專業學習中，蓄積能量。

邁向 CEO 之路須培養的基本能力，依據基本功與專業進階，建議如下：

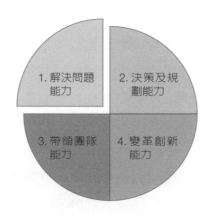

企業規模再放大，CEO 再升級專業能力：

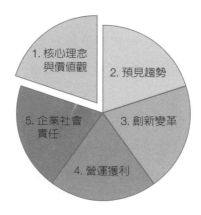

Q4 CEO如何面對與高階主管或員工之間的衝突？

讓我再說明一個觀念，CEO要有「預見問題」的能力，並且在問題發生之前，就想好對策防止其發生。因此，CEO在衝突發生之前，就應該預先消除衝突發生的可能性。

每一次進入會議室前，無論當天議題是業務檢討、年度目標、專案進度或危機處理，我都會提前做足功課，預先設想好會議結果，但是這個結論，我不會在會議一開始就立刻公布，而是讓所有與會人員、主管們分別提出自己的想法與意見，最後再將大家的意見融合，成為當次會議結論。當然，整合後的答案就是我預先設定的目標。

舉例來說，每年9月進行年度檢討彙報，由於已經進入到第3季Q3的期末之際，會依據當前狀況對年底業績進

行較爲準確的預估，目前業績距離預估目標還有多遠？
今年的每股獲利（EPS）預估多少？年終可以分配多少？
如果一開始業績目標是由CEO直接訂定，主管們這時候
就有藉口說是目標訂太高、不符市場現狀，所以才不易
達成。但假如業績目標是當初大家在會議上共同擬定，
每個人就有義務去達到這個目標，不需要任何爭論。達
到目標業績共享，做不到便是所有高階主管一起承擔。

　　簡而言之，高明的CEO，不會主動把最終答案說出
來，而是先引導員工說出理想的目標和方案，既達到對
員工的重視，也讓員工對自我承諾負責。一個人人都能
負起責任的團隊，自然不會有無謂的衝突產生。

Q5 面對不適任的主管，轉派？開除？

在擔任CEO期間，只有一個理由會讓我主動開除員工，就是藉由工作之便，在國際航空碼頭進行走私、偷竊、調包等等違法行為的人。除此之外，我不曾因其他理由開除任何一位員工，當然，我也會遇到一些沒有認清自我責任的部屬，面對這樣的人，我會用一個方式讓不適任者主動妥協。

如何判斷一位主管不適任，第1、該完成的事情屢屢不達標；第2、明明可以做得更好，卻沒有盡心盡力。這時候，我會把這位主管叫到辦公室，請他停下手邊所有業務，每天早晚在公司廠房各走一圈，並在工作日誌上寫下當天看到的問題點；其餘時間，就只需要待在休息室看報紙。

也許你會驚訝，每天只要散步、寫寫報告、看看報紙就能領薪水，哪有這麼好的差事？其實不然，初期幾天的確會讓人覺得輕鬆愉快，但時間久了，這百般無聊的日子和周遭同事輿論的壓力，會把人逼到崩潰的邊緣。通常在一、兩週後，這個主管就會主動來找我，有的人會主動提離職，有的則是會自我檢討之前的缺失，要求重新給機會。

　　面對不適任的主管，我用這個方式把去留的主動權交給對方，讓不願改正的人主動離開，而留下來的人既然具備認錯的勇氣，並承諾改正，自然會把握他的第2次機會好好表現。

Q6 面對瞬息萬變的市場，企業如何保持競爭力？

今日的企業要維持品牌競爭力，除了當下分秒必爭，更要爭未來市場，如同我一直強調，CEO要將眼光放在5年、10年後的企業發展，這當中最大的關鍵是讓企業隨時保持「轉變」狀態。

在此，以我最為熟悉的航空業為例，分別提出新加坡航空（Singapore Airlines）、亞洲航空（AirAsia）、看他們在面對經營危機時，如何向世界證明—「沒有市場不景氣，只有企業的不作為。」最嚴峻的時期，他們在不斷突圍、拓展的道路上，反而讓企業版圖更上一層。

● 新加坡航空：以高度靈活戰略站穩市場

新航集團最初以馬來亞航空的面貌開啟首航，後因新加坡成為獨立國家，新加坡航空與馬來亞航空自此分家

各自發展。新加坡航空憑藉著卓越服務、先進產品及綿密航網3大優勢，從最初10架飛機的機隊、營運18個國家、22個城市，一躍成為世界級的國際航空集團。2019年COVID-19疫情衝擊下，旅遊市場長達3年疲軟，國際航空運輸協會IATA（International Air Transport Association）預估2022年全球航空產業虧損可達 97億美元，然而，新加坡航空不僅撐過困境，更積極拓展海外市場，在印度建立多樞紐中心（Multi-hub）。

當世界航空公司紛紛走入破產行列時，新加坡航空仍能闖出一片欣欣向榮的前景，它做對了什麼？

1. 持續進行產品汰舊換新

新加坡航空堅持年輕機隊政策，平均機齡7年內，即便疫情造成巨大衝擊，新航集團仍舊堅持維持客機品質，持續進行客機汰舊換新。新加坡航空的寬、窄體客機以及旗下積極發展長程線的酷航，都陸續引進新客機。

除了硬體更新，機上菜單也會依照飛行航線頻率更新，並且每年聘請不同國籍主廚，提供乘客品嚐各國道地餐點。新加坡航空某高層受訪時曾提到「當你不斷更新自己，就會使同業顯得原地踏步。」這就是新加坡航空讓其他航空品牌難以超越的競爭力。

2. 市場經營模式變動力強

　　面對市場的多元需求，新航集團過去也採用不同的商業模式來因應市場競爭，早期以新加坡航空作為中心，後改變為多品牌（Multi-brand）集團式經營模式。期間又依據市場需求持續調整經營架構，從航線的特性來區分傳統型航空（FSC）或廉價航空（LCC）進行服務。後疫情時代的新航集團再次調整經營策略，將多元品牌簡化為兩大品牌主要實體，以新加坡航空與酷航雙品牌的模式搶攻市場。

　　從新加坡航空，到多元品牌，再簡化為兩大品牌主軸，新加坡航空經營策略是積極、主動地因應市場趨勢隨時調整。

3. 正視自己的弱點　積極轉投資突圍疲弱市場

　　疫情的突如其來，世界鎖國政策讓新航集團認識到，單以新加坡作為樞紐，面臨無國內及國際旅遊市場的重大問題，為此，新加坡淡馬錫控股公司（新航最大股份持有企業）積極建立海外樞紐為外部中心，透過轉投資的方式，從投資印度塔塔集團旗下塔塔電信、塔塔天空電視股權後，新加坡航空再拿下塔新航空（Vistara）49％的股權，後印度航空（Air India）整併塔新航空後，新加坡航空入股投資印度航空25％股權，一步步成功打入印度市場。

　　在疫情大規模擴散前，印度民航總局統計，2019年已有近500萬人次在印度與新加坡之間旅行，除了放眼印度的龐大內需市場，更能北向中東、歐美轉機的旺盛需求，向南則是能藉由樟宜機場，將旅客送至亞洲、大洋洲，甚至美國。

　　除了透過轉投資擴大服務能量，新加坡航空同時也以

合資營運（Joint Venture）方式，與馬來西亞航空、全日空等航空公司合作，共享航點航線，透過共同營運擴大雙方的市場占比與營收。

　　新航集團因為對內沒有強勁國旅市場支撐，對外得面臨各國航空的競爭與疫情侵襲，因而發展出高度靈活的戰略，因應市場調整旗下各個品牌的定位與機隊，向外進行轉投資、聯合營運等，新航集團求新求變的能力，是企業成功穩占鰲頭的關鍵。

● 亞洲航空：擁抱科技 創新廉航商業模式典範
　　亞洲航空是馬來西亞政府國營集團DRB-HICOM於1993年成立，2001年因經營不善，被印度裔馬來西亞企業家Tony Fernandes的公司以象徵性的1令吉(當時約0.26美元)收購這間負債超過1,000萬美元的航空公司，令人驚奇的是，它在2002年迅速轉虧為盈，此後一路到發展成全亞洲最大的廉航集團。

亞洲航空憑藉低成本、低票價策略，實踐「Now everyone can fly」企業宗旨，讓旅客能夠輕鬆往返亞洲、澳洲等超過上百個旅遊目的地，連續13年被評爲世界最佳的廉價航空公司。然而，曾經成功挺過鉅額虧損與金融海嘯的亞洲航空，仍不敵COVID-19疫情重大衝擊，2020年第1季寫下高達約55億台幣的驚人虧損。

　　面臨兩年沒有飛航的情況，亞洲航空以高度積極的策略應變，翻身一躍成爲疫後航空轉型成功的案例，此過程相當值得參考與深思。

1.把握科技優勢　發展跨領域服務項目

　　亞洲航空早於2001年成立便積極投入數位科技，開發線上與APP訂票系統，成爲東南亞首家擴大線上訂票服務的航空公司，更於2018年與GOOGLE合作，藉由數據整合擴大AirAsia.com的服務，同時發展BigLife平台，將多項金融科技應用導入。

疫情襲來，有別於新航在航空本業上多元拓展，亞洲航空則從產業的延伸轉型切入。他們善用多年大數據與品牌形象，整合各項旅行服務業務，並延伸建構出一個完整的數位旅遊生態系統。疫情期間，憑藉其數位優勢，打造了一個 Super App -「AirAsia：Flights, Food, Beauty」，將訂機票、外送、預定車輛等都能一條龍搞定，甚至將服務類別擴展到其他旅遊國度，如 2021 年 AirAsia 收購印尼 Gojek 公司的股份，透過在泰國市場的市占率，進軍該國的叫車與支付服務，拓展了多元國際市場。

2. 逆流而上　積極突破產業範疇

在疫情影響下，亞洲航空積極將數位科技的觸角發揮到淋漓盡致，目前 AirAsia Digital 集團共有 3 家公司，包括：

Teleport - 因應疫情而轉型推貨運與物流公司。

BigPay- 深植金融領域的科技公司 BigPay。

Super App - 提供旅遊、電子商務和金融等 16 種生活服務平台。

多元的嘗試讓AirAsia獲得豐厚的回報，在疫情爆發後加大數位領域的服務，AirAsia Digital的估值在短短2年內已經超過10億美元。此後，再創立連鎖餐廳與食品集團Santan，提供地勤服務的GTR，以及客機維修工程公司ADE，每一個新領域都進一步強化集團的服務觸角。

　　如亞洲航空CEO Tony Fernandes 所說：「AirAsia should no longer be known as just an airline. We are now a digital services group」(亞洲航空不再僅是一家航空公司，而是一家數位服務集團)。

　　新加坡航空與亞洲航空的例子向世界證明–「沒有市場不景氣，只有企業的不作為。」最嚴峻的時期，他們透過不斷整合、拓展的道路上，反而讓企業版圖更上一層。我們借鏡兩大航空公司的靈活變革能力，加大自身的競爭能力，在整體商業模式上持續蛻變。

Q7 企業如何避免自己走向下坡？

　　長期對企業個案進行研究，我發現企業衰敗依然可以歸納出幾項共同原因，在此將以日本航空 (Japan Airlines) 為例，讓讀者看見其關鍵因素。日本航空於 2010 年 1 月向東京地方法院申請破產保護，2012 年 9 月在東京證券交易所重新上市，公司不僅轉虧為盈，並連續 3 年獲利突破 1,800 億日圓，2011 年甚至創下史上最高 2,049 億日圓的獲利。

　　帶領日本航空重整成功的關鍵人物是稻盛和夫先生，關於日航衰敗與其翻轉再生的經營思維，相當值得各領域的經營管理階層細細研究。在此我僅以 CEO 視角，點出日航走下坡前面臨的潛藏危機，提供各界思考，並闡述我認為日航從破產走向重生，最為獨特的改革關鍵。

企業走下坡潛在危機

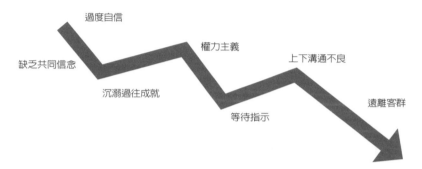

　　直到企業宣布破產，日航許多員工才不得不相信，作為日本戰後國家形象代表，一度創造輝煌成就的日本航空，有朝一日真的不敵市場競爭走入破產。不只是日航，包括通用汽車、西屋電氣、柯達等等世界許多知名企業，皆因對公司品牌過度樂觀，在技術更新、發展策略各方面被舊觀念綑綁，因而被時代拋棄。

　　協助日航破產重建企劃關鍵人物–大田嘉仁，進行日航重建初期已發現，許多幹部認為，公司之所以破產是因為工會經常鬧事，員工不配合經營策略所致；而基層員

工卻覺得，是高層幹部行事敷衍、推卸責任才導致公司破產。從這裡就能看出，這家企業高層充滿菁英意識，基層人員則對上充滿不信任感，一家沒有共同信念、彼此不信任的企業，已從根部開始毀壞。這也是許多企業走過最輝煌的成長期後，開始邁入所謂的貴族期和官僚期，也就是 Ichak Adizes 提到企業生命週期的最末端。

用「教育」重燃企業生命力

日航改革之初，稻盛先生在重建企業核心價值、經營策略、財務、人事結構與規畫重新上市等等項目中，首先著手的便是重建上下一心的共同信念與核心價值觀，而實踐方式是透過「教育」對員工進行意識改革。

• 2010年6月 第1梯次領導人教育

針對52位高階管理職幹部，進行每周4次，共17次的集中課程。授課內容包含稻盛和夫「經營十二條」、「會

計七原則」以及「六項精進」，學員不僅要聽課，同時要進行分組討論與提交報告。所謂的領導人教育，並非僅是企業管理教育，而是培養能夠引領部屬朝同一目標，遇到困難也決不放棄前進的領導者，所學的不只是管理的方法或技術，而是徹頭徹尾改變意識的訓練。

• 2010年8月 第2梯次領導人教育

擴大教育對象包含55位經理級幹部。並由第一梯次領導人教育成員組成「日本航空哲學檢討委員會」，研擬制定「日本航空哲學」手冊，這本手冊長約13公分，寬約8公分的袖珍手冊，成為日本航空全球員工建立重要的核心價值。

• 2011年4月 全體員工教育

以日航全員為對象，進行每梯次3個月，每天早、下午各2小時教育訓練，除了東京之外，各單位也逐步展開教育，再透過跨部門、跨階層的讀書會，逐漸建構日航企業的核心價值觀。

改革初期，內部員工對稻盛和夫與其團隊並無信任感，要求他們在日常繁忙的工作中在抽出時間上課，自然屢遭抗拒。改革團隊排除萬難展開第1次「領導人教育」，學員初期的上課態度十分消極，幾乎無人願意主動與稻盛先生交流，直到第3次上課後，突然有一位日航幹部熱烈發表在課堂中的領悟與反省，自此，課堂的氛圍開始有了轉變，學員對授課內容的接受度與參與度大增。

企業當中只要幹部的思維走在正確的道路上，部屬的意識也會自然跟隨。從經營哲學，數字經營與阿米巴組織管理等等經營理念，透過「領導人教育」徹底改變了日航高層思考意識，領導者的正向管理態度再影響基層員工力，一步步建立上到下的一體信念。

『無論如何也要達成目標』、『追求員工物質與精神兩方面幸福』、『全員參與經營』等等，稻盛和夫的經營哲學與理念，是許多CEO與商業人事必讀經典，然而，稻盛和夫的經營哲學之所以能夠發揮效益，與他堅持貫徹

到底的意志環環相扣。從經營企業的開始，他就用最堅定的態度與具體策略，將自己的經營理念持續注入企業內，使全體員工能夠信念一致、目標一致。企業上下若能透過教育，使全員與CEO一樣，擁有爲全體獲利而奮鬥的企圖心，即使企業一度走下坡，相信也會有東山再起的能力。

國家圖書館出版品預行編目(CIP)資料

開航の神/陳盛山著. -- 初版. -- 臺北市：
大大國際, 2023.10

　　面；　公分

ISBN 978-626-97771-3-6（平裝）

1.CST: 企業經營　2.CST: 企業再造
3.CST: 商業管理

494.1　　　　　　　　　　　112014507

開航の神 陳盛山

作　　　者：陳盛山
主　　　編：莊宜憓
內文設計：Daniel
封面設計：旅奇國際有限公司
有聲數位部：吳重光、林玉娟
課程培訓：董鳳慧
發行人暨出版總監：林千肅

出 版 者：大大創意有限公司
出版一部：大大國際
地　　　址：台北市中正區鎮江街5-1號7樓
粉絲專頁：https://www.facebook.com/DADA.Creativity

經 銷 商：朵舍國際有限公司
地　　　址：新北市中和區中山路二段366巷10號3樓
電　　　話：02-82458786 (代表號)
傳　　　真：02-82458718
網　　　址：http://www.silkbook.com

初　　　版：2023 年 10 月
定　　　價：請參考封面